大是文化

讓部屬拿出能力的方法

イマドキ部下を伸ばす7つの技術

明明有100分實力，卻只交出60分的成績，
看淡獎金、不想升遷，這樣的部屬怎麼催出實力？

職涯教育研究家、
曾任上市公司董事兼人資主管
福山敦士 著
Yoshi 譯

目錄

序章

第一章

這樣下指令，他才願意聽 41

第二章

忙碌不是美德，你得停下腳步讓他問 71

第三章

新人成長要時間，你得不斷給機會 105

第四章

我的能力很強，部屬卻不想追隨？ 135

第六章

這樣帶人，部屬主動拿出能力 183

第七章

他其實看著你的背影成長 209

後記 好主管就是樂見部屬強過你 229

推薦序一

以更加靈活和智慧的方式，引導年輕部屬

《她講 Channel》頻道 YouTuber／她講

一位好領導，需要有什麼先決條件？良好的溝通能力、優秀的決策，還是時間管理能力？當然，這些都是領導團隊時不可或缺的重要技能，但如果你問我，我會回答——保持不斷學習的心態。

無論我們身處哪裡，都需要不斷精進自己的領導方法，以適應千變萬化的工作環境和不同特質的部屬。尤其當我們在迎接Z世代[1]——這個充

1　Generation Z，指一九九〇年代中後期至二〇一〇年代初期出生的人。

滿活力和創造力的一代時，確實需要多花時間學習並重新評估、調整領導方式。

我在日本大企業工作多年，時不時就會聽到前輩們感嘆：「為什麼這些以前我們會做的工作，現在的新鮮人都不肯做了？」、「現代年輕人太容易擺爛，一點責任感也沒有。」

我也曾帶過一位社會新鮮人，教導他星期幾的幾點，需要什麼資料，但期限一到，傳回來的簡報檔案有半數以上都是空白，僅回一句：「因為查不到，所以沒辦法做。」相信翻開本書的你，一定都吃過「用心帶領Z世代，結果卻不如所願」的苦。

這本書，就是為了主管而寫的。在這充滿挑戰的時代，我們需要以更加靈活和智慧的方式，來引導年輕部屬，激發他們的潛力，使他們成為組織的中堅力量。這並不容易，但絕對非常值得。

本書作者福山敦士用淺顯易懂的方式，帶領我們理解Z世代的特質，並列舉如何有效下指令，以確保他們能理解並執行任務的方法。同時也整理了與Z世代建立溝通和信任關係的方式，藉由與部屬一同設定目標，促進他們成長的技巧。

書中有一句話令我印象深刻，「沒有完全不會做事的部屬，他們只是尚未做好」。當時我面對那份空白簡報，非常震驚，很快就陷入他責思考——我以前可以做好的事情，為什麼他辦不到？是不是他對工作根本就不上心？我可以選擇以後都自己做。但在冷靜過後，我選擇聆聽。

現在的年輕人因為出生在有太多不確定性的瘋狂時代，所以學會保護自己，不在沒把握時出頭，以避免沒有必要的失敗。現今社會步調太快，所以他們希望，至少在自己的生活範圍內能有條有理。

為了對自己的未來負責，他們重視提升技能、閱歷，而不是依附在公司的體制內求升遷。對於這樣的年輕人，我們並沒有辦法「教會」他們什麼，我們只能用引導的方式，讓他們自己說服自己，執行任務、達到目標。這在本書裡都有詳細介紹。

後來，那位交空白簡報的新鮮人經過長期培訓，現在也擁有自己的團隊，偶爾遇到時會靦腆的笑著跟我說：「現在的年輕人真難帶哦。」

相信大家都同意，部屬成長需要時間；我認為主管也是，「沒有不會領導的主管，我們只是還沒準備好」。

希望這本書能成為你在領導路上的有力指引，我們的目標不僅是完成任務，更是要培養出優秀的團隊成員，幫助他們發揮最大的能力。讓我們與部屬一起成長，成就一個卓越和充滿潛力的團隊。

推薦序二

理解部屬想法，成為他們想追隨的主管

鉑澈行銷顧問策略長／劉奕酉

我擅長數據思考、商務簡報與問題解決，也提供思考、表達與問題的培訓與顧問服務。以前在和客戶開會時，我都習慣為對方點一杯黑咖啡，卻也因此差點搞砸一件生意，原以為是對重要客戶的善意舉動，沒想到卻成為誤會的導火線。

「你不知道我對咖啡過敏嗎？」我還真不知道，也沒想過這個問題。後來查詢資料，才知道對咖啡過敏者可能誘發蕁麻疹。從那次之後，我都會格外留意對方的習慣偏好；即使無法提前得知，我也會先準備一杯溫開水，再詢問對方有無其他需求。

別遞咖啡給想喝水的人，是我體悟到的一個道理。無論是簡報提案、議題溝通，還是問題解決，先搞清楚對方期望、容易接受的方式，才能找到有效的方法。當然，培育部屬也是如此。

作者福山敦士在書中提出了一個棘手的職場管理難題：現代員工越來越難管理，既不懂得自動自發，教了半天也沒有一點長進，真的不知道該怎麼辦才好。也許，你只是沒有搞清楚部屬的想法，用錯了方式來對待他們。

作者開門見山點出，隨著網路與科技的進步，改變了社會與職涯的發展，也影響每個人對於工作的看法與期待。重視個人特質，專注在自己喜歡、擅長的事情上，也能接受多樣化，可說是大多數年輕工作者的特質，如果還跳脫不出傳統的指導方式，別說提升員工能力了，恐怕連為你做事都不願意。那麼，主管又該怎麼做？

「想領導部屬，你得先成為讓他們願意跟隨的主管。」書裡提出七個方法，解決主管培育與指導時常見的困境，比方說，明明已經教過，為什麼還是沒有進步？給了獎金和升遷誘因，為什麼仍不願多成長？這些問題的答案，你都可以在書中找到。

這些方法其實都傳達著一個重要觀念：試著去理解眼前的部屬，不要有先入為主的觀念；避免本位主義的態度，認為他們都應該和自己一樣。

當你理解了部屬，聰明的你應該就知道該如何做了。

前言

讓部屬拿出能力的領導法

「部屬沒成長」、「不會自動自發」、「完全搞不懂他在想些什麼」、「身為一個主管，該怎麼管理底下員工才好……」，你是不是也在煩惱該怎麼管理團隊？

日本企業在此之前，都是採取年功序列制[2]，指導的方式，也是自己當初如何接受主管指導，再用相同方式教導團隊。然而，時至今日，你要帶領的人，有些年紀未必比自己小，有的可能還比你擁有更多不同經驗和成就。

2 譯注：為日本的一種企業文化，以年資和職位論資排輩，訂定標準化的薪水。通常搭配終身僱用的觀念，鼓勵員工在同一公司累積年資到退休。

此外，隨著網路興起，也逐漸影響到社會，大家的成長環境完全不同了，因此，想要提升Z世代部屬能力的話，以前那套傳統指導方式，已經不可行。

Z世代部屬在能力和知識量方面，和我們有很大的差異，他們可能參與過實習，或擁有學生創業等經歷，即便是剛畢業的新進員工，他所擁有的知識和經驗，也往往勝於各位當年的情況。

重視個人特質，接受多樣性，此乃時代潮流；找工作時專注於自己喜歡、擅長的事情，這種方式逐漸成為新的準則。想要理解在這種時代下長大的人，並引導其拿出能力，你需要以「成為Z世代主管」為目標。

所謂的**Z世代主管，就是有領導力的人**，例如，當要達成某個業績目標時，不僅會自己去推銷，還會帶領團隊一起提高銷售額，或是把老闆拉進來一起參與銷售活動，或是編組預算等。**可以在必要時給予靈活判斷和指示，讓組織獲得最好成果的人，正是現今所需要的主管類型**。

我從小就在打棒球，總共打了十六年，高中時，我曾站上甲子園的投手丘，帶領我的球隊打進前八強。大學畢業後，我進入網路廣告代理商思數網路（CyberAgent），並在二十多歲時，成為該公司的董事。我從很早以前就有跟年長部屬、年輕主管一起工作的經驗，二十多歲快三十歲時，我開始創建好幾個事業，並將其轉賣給上市公司，同時我也在高中、大學、補習班擔任講師，並從二〇二一年開始在慶應高中擔任講師，講授商業課程。

我經常跟十幾歲的年輕人接觸與共事，並親身感受到了時代變化。目前，我一邊從事教育工作，也在一家旨在上市的初創公司 GigSales[3] 擔任經理人，管理一個約有兩百人的組織，成員大部分是二十至三十多歲的年輕人。

根據這些經驗，本書將會介紹Z世代主管該有的樣貌、具體指導方式、可實踐的想法，以及各式各樣的技巧。

3　二〇二三年更名為 DORIRU。

現在的工作方式越來越多樣化，不可能永遠只跟同一批人一起工作，Z世代通常希望主管可以用更好的方式，引導彼此發揮能力。本書的目的在於幫助主管改變自己，當你透過自我管理而變得不一樣時，你的部屬也會有所改進，整個組織也會跟著進步。具體技巧，就讓我們透過本書一起學習！

序　章

新世代特質：只求不失敗，對成功無渴望

1 主管願意指導，部屬也不想成長

明明已經教過了，為什麼部屬都沒有進步？因為主管自己也沒有任何改變。

隨著時代變化，Z世代擁有的能力和經驗也越來越多樣，如果給予他們與過去相同的指導，自然不會成長，主管應該調整教導內容。

但年紀越大，人就越難改變自己，主管也會因此難以調整教育方式，而且隨著時間所累積的豐富經歷，在這種情況下，主管往往會選擇維持現狀，即便對上層指令有諸多不滿，也不會主動請調或換工作，結果，心懷不滿、有下個職涯選擇的員工便會一一請辭。

主管缺乏變化，導致環境也缺乏成長空間，這類企業多不勝數。以前的主管不這麼做也沒什麼問題，但現在的員工本身擁有許多經驗，千篇一律的指導方式難以讓他們成長，換句話說，屬員不肯改變的原因出在主管身上，我們要從這個角度出發，找出待改進的地方。

2 想被讚美，卻對升遷沒意願

Z世代有什麼特徵？我列舉幾個：

- 人手一支智慧型手機、社群網站原生居民。
- 傾向獨立，重視私生活（想以自己為重）。
- 對公司、職場沒有過多期待，但備受看好時會很高興。
- 覺得換工作或經營副業很正常。
- 思考事情以個人角度出發，而非公司立場。
- 不願承擔更多責任。
- 對升遷不感興趣，但重視技能提升。
- 不想吃虧，在意時間績效。

● 覺得對社會有高度貢獻的工作，才有去做的價值。

看完以上特點或許你會很頭痛，但每個世代都有各種人，儘管我將上述全都概括成Z世代，但其實每個人還是有不一樣的特質和技能。

指導這些人時，需要先了解他們生活在什麼樣的時代環境，並理解對方的承受力，考慮到他們的工作能力。重要的是，你要先願意承認你們之間的看法會不一樣，並在此基礎上提供指導，且由你主動去理解他們，積極改變自己，進而影響部屬。

3 除非主管給指令，否則不多做

為何是主管要做出改變？理由大致上有三個：

1. 社會結構變了。
2. 年輕人的認知、特性不一樣。
3. 理想的工作、工作方式有所差異。

接下來讓我們來一一了解這些變化。

1. 社會結構的變化

● 勞動市場改變

在現在，換工作一點也不稀奇，**時代已經從公司選擇人才，轉變為人才選擇公司**。且擁有副業或兼職已成必然，因此，過去那種空有頭銜的主管已經不再適用於商業界。

比起在組織內工作，現在越來越多是為專案工作，因此需要主管能領導專案或帶領團隊。

● 溝通工具發達

職場所使用的溝通工具也在進步。電腦和智慧型手機的普及和發展，讓上下班時間的界線越來越模糊。

現今商業人士都以文字方式溝通，例如使用電子郵件和通訊軟體等，這些都會留下紀錄，意味著與過去相比，主管必須對自己的言行承擔更多責任。

此外，透過臉書（Facebook）、推特[4]、Instagram、LINE 等社交軟體，主管和部屬之間，除了上班時間外，假日也能看見彼此的動態。

● 資本市場的變化

受金錢驅使的人正在慢慢減少，相反的有越來越多人，尤其是年輕人，反而更重視經驗和自己的情緒。

公司若想吸引優秀人才，僅提高薪水是不夠的，有不少人認為，即使當上主管、薪水變多，也沒什麼意義。只要大家增加金融資產、遺產繼承規畫得好的話，就不太需要努力工作賺錢，至少接手父母的房子來住或同住，就能省下房租。

近年來，許多公司都會設置一個問題——存在意義（Purpose），目的在於思考「為什麼要工作？」、「為什麼大家需要這間公司？」

2. 年輕人的認知、特質不一樣

在了解這些社會結構的變化後，現在讓我們來思考一下現代年輕人的特質，這邊先舉出四點：

4　二〇二三年七月二十四日開始更名為X。

● 做事偏好使用不會失敗的方法

現代年輕人傾向於做事不失敗，而非快速成功。

在求職網站上，有高點擊率的文章往往都有出現「求職不失敗」、「成功換工作」、「成功創業」等關鍵字。

● 很快就辭職

在年輕員工當中，不少人很快就會辭職。這與人類的適應本能有關，這種本能會使人們的思維和行為與周遭人一致。

● 不接受模稜兩可的答案

Z世代越來越不接受模稜兩可的答案。

過去只能在書本或管理階層培訓中，才能獲得的商業策略等專門知識，現在可以透過 YouTube 等管道輕鬆獲取。

職場上常會發生難以判斷是非的事情，碰到這類問題，年輕員工會對第三方的肯定說詞感到放心，並實際利用第三方所提供的資訊。以我遇過的人為例，就有人曾舉出訴訟個案或前例來指責主管：「你這樣算騷擾吧？」、「你這樣有符合《勞動基準法》嗎？」

在商業界，並非所有事都能按章行事，要怎麼工作、採取什麼方式，也並非總能按照計畫進行，大多數時候，都是在模稜兩可的情況下行動。然而，**現在年輕人**卻無法接受，他們**需要明確指令**。

- 避免工作以外的交流

現代員工傾向於避免工作以外的交流，他們不想在吸菸區交談、不願參加聚餐。

當然，其中一個原因是越來越多人本身就不吸菸、不喝酒，而這些也確實不再被認為是上下級之間的溝通手段。**年輕人似乎不希望有額外的交流，盡可能只談論公事**。

3. 工作狀態、工作方式的改變

關於這一點，有不少是出於社會環境變遷，而迫不得已改變的。

- 以私生活為優先

為什麼Z世代以私生活為重？因為他們不敢期待在公司會有光明燦爛的前景、在工作中找不到樂趣，不管怎樣，他們大都不希望自己的時間被其他事情壓縮，也不會在社群媒體上提及自己在哪間公司上班，這代表他們想要把公司的人際關係與私生活區分開來。

我在 GigSales 這間公司擔任經理人，而這裡的員工大都會在社群媒體上積極提到自己在 GigSales 上班，有些人在下班時間也會主動請教，比方說，「請幫我一起做模擬練習」、「我需要一些職涯上的建議」，也因為這樣，許多員工在工作初期，職涯便能有所提升。

他們之所以願意提及公司且全心全意投入，是因為他們對自己的工作感到自豪，也對公司未來充滿期待。

在日本高度成長期時，有許多產業還在持續成長，所以那時以工作優先的人比較多，總而言之，這一項變化取決於當事人所處的環境，而不是年輕與否。

● 在意別人的評價

這也是Z世代的另一個特徵，其背後的主要原因在於，現在評價很容易視覺化。例如，在社群媒體發文時，有多少個按讚數，而他們認為這就是別人對自己的評價，因此，他們越來越傾向發布迎合他人、不會被抨擊的內容，試圖獲得更多讚，反過來說，當他們展現真實自我時，已經越來越得不到他人讚賞，所以往往沒有自信，也不太可能會自己主動去做某些事情。

● 害怕失敗

Z世代年輕人之所以害怕失敗，是因為比起得到挑戰後的好處，他們更不想因為做錯事而讓自尊心受損，這與他們缺乏成功經驗有關。

害怕失敗的人，無法想出新點子，或創新的工作成就，就不難理解為什麼他們會覺得工作枯燥乏味。還有另一種可能是因為未來前途不明，所以無法鼓起勇氣去挑戰。

● 追求立刻有成果

由於這世代的年輕人缺乏成功經驗，因此他們在工作中，往往過度追求立竿見影的成效。

他們傾向盡快得知結果或答案，例如，倍速播放 YouTube 等影片內容。高中生和大學生也越來越多人注重時間效率，他們希望盡可能透過網路上課、在移動時重播課程。

● 不讓他人知道自己的所有想法

我們經常聽到有人說：「真不知道現在的年輕人在想些什麼。」究其原因，其實是因為所屬的社群數量不同。

過去社群是圍繞著公司和家庭，然而，Z世代年輕人卻有這以外的其他社群，像是網路上的朋友等，他們在不同群體中扮演不同角色，他們既不會在職場上展現自己的全部，也不會對職場有太多奢求，因為他們在公司只有表現出一部分的自己，所以做主管的也很難知道他們在想什麼。

● 一個指令一個動作

這裡指的是，「除非主管給予指示，否則他們不會行動」，也包括不會做指令以外的工作。

年輕人很少有做好事有好報的經驗，於是他們在做決策時，心態上往往會不想吃虧，因此，無論好壞，他們都傾向於不要多做事情。

上述這些時代變化、Z世代的特徵，正體現在主管與這世代部屬間的這個問題：即使給予指導，對方也不肯成長。

由於現代年輕人所處的環境已有所變化，因此主管需要調整自己，想想該怎麼與這個時代的部屬溝通。

4 想領導Z世代，先懂Z世代

既然我們已經搞懂現今環境，和現代部屬的特徵，我想大家應該已經明白，想幫助Z世代拿出表現，主管就必須做出改變。

沒錯，在領導這些人之前，你必須先成為Z世代主管。我將介紹七種方法，幫助大家成為Z世代主管，藉此提升團員能力。

1. 傳達

第一個方法是傳達。將工作目的、目標、詳細內容和資訊，清楚傳達下去，是主管最重要的工作。

目的不在於告知，而是要讓部屬動起來。只要清楚告訴工作內容，屬員他們便會自發行動。

2. 聆聽

第二個方法是聆聽，這是為了掌握員工的想法和行為。每個屬員的思考方式、對事物的看法都不盡相同，如果主管不去正確理解他們各別有什麼想法的話，就無法做出最佳對策。

主管善於發問，有時可以引導出員工自己都沒發現的真實想法。

3. 等待

「為什麼我教了他們，他們卻做不到？」如果主管經常有這類煩惱，代表主管沒有花時間等待部屬成長。

成長需要一定時間，透過等待，可以讓部屬們無後顧之憂的去工作、穩步提升自己的實力。

4. 深受員工信任

如今已不是「因為你是主管，所以都聽你的」的時代了。

正因為對未來感到晦暗不明，所以員工會認真評估：「聽從這個人的話，真的沒問題嗎？」

在現今這個時代，需要有策略的與屬員建立信任關係。團隊可以信任主管，整個公司才能齊心協力、做出成果。

5. 提升綜合能力

成為管理職之後，周圍的人會時刻關注自己的一舉一動，而且關注度往往超乎本人想像。

從「沒有部屬、只要做好眼前的工作，就能提升能力和評價」，轉變成培養、評價人才的主管時，靠不斷增強自己的魅力，也能促進屬員成長。當你加強自己各方面的技能，部屬會更加尊重和仰慕你，也會把你當作榜樣，努力工作。

6. 建立好人際關係

雖然成為了主管，但同時仍是別人的屬員。

即便是公司老闆，也不能違背股東的意見。在這種情況下，良好的人際關係，將使你工作進展更順利。

若你能掌握好人際關係，在部屬心中，你也會是個極有魅力的人。

7. 蒐集資訊

若你要以身作則，示範給團隊看你如何提高技能，蒐集最新資訊是你最重要的方式。網路上無法得到最新、有益的消息，加上他們不會僅憑年齡、立場就聽你的話，因此，如何獲取並活用最新訊息，便是現今主管的武器！

以下章節將詳細介紹這七種培養部屬的技巧！

第一章

這樣下指令，
他才願意聽

1 先告知這項工作的好處

身為主管，應該有被部屬問過：「做這個工作有什麼意義嗎？」這時，你需要適當傳達工作意義，像是「這份工作會帶來什麼樣的結果」、「有什麼樣的績效」，你有兩種方法可以用。一種是顧問方式，用以傳達目的和意圖；另一種是教練方式，引導當事人自己說出來。

如果員工不明白工作意義，可以試試看利用顧問方式。舉例來說，在我的公司裡，當我們設定目標是一年招募一百個人，我與公司成員討論後，最後決定舉辦業餘棒球比賽，來創造與人才見面的機會。

然而，即便做出了這樣的決策，屬員也不願意馬上行動，他們會找藉口，「無法配合日程安排」、「不知道怎麼交換名片」，於是我直接告訴他們，為何我要用這個方式來招募人才：「我們有公司整體要達到的目標、預算，必須考慮要花多少成本來創造營業額，除此之外，還要能招聘到一百個人。基於這些因素，我們希望重視招聘的單位成本。因此，與其利用媒體，不如透過線下活動來吸引人才。」

當時的計畫是贈送一瓶果汁，所以我說：「過去招募一個人需要花一百萬日圓[5]，而如果能以一瓶一百日圓果汁的價格招募到一個人，那麼九十九萬九千九百日圓，將會是各位幫公司省下來的成本。如果是一百個人的話，成本總共可以削減將近一億日圓。」當我如此詳細說明後，團隊成員從隔週開始便採取行動。

不只幫助公司，也是在替自己建立口碑

「都這麼忙了，還有必要做這些事情嗎？」對於提出這類問題的員工，則用教練方式來說服。

例如，新創企業需要透過社群媒體傳遞資訊，這些企業在諮詢時，我

也會提供這類建議，但他們往往難以理解原因，有的人甚至會抱怨：「為什麼一定得在社群媒體上發布公司資訊啊？」

這時，要明確告訴他們：「利用社群媒體傳遞消息，可以降低宣傳成本、促成招募，甚至協助公司成長。」此外，我也告訴他們，在自己的帳號上發布資訊，也是在建立自己的品牌。

在社群媒體上宣傳自己，就會讓別人知道你來自○○公司，將來你換工作或是自己創業時，這些職稱能替你背書。

傳達的關鍵在於，告知對方是為了什麼樣的目的，以及做了以後能帶來多少好處，說明時一併提供數字和金額，也是一個不錯的方法。

重點是，告訴他們工作不只是對公司有益，也會替自己加分。

提供顧問諮詢告訴他們工作的意義，並用教練方式誘導他們自己主動

---

5 全書日圓兌新臺幣之匯率，皆以臺灣銀行在二〇二三年十月公告之均價〇．二一二元為準，約新臺幣二十二萬元。

說「既然這樣的話，那我就來做吧」，如此一來，部屬們就會自己行動。

POINT

事先傳達做這個工作的目的和意圖。

2 強加想法沒效，得讓部屬自我說服

主管向員工傳達做這件事能獲得什麼好處，也是一件很重要的事。在我的公司裡，也還是有成員會說：「我不想做這個工作。」即便我告知：「做了這個工作後可以加薪！」他們卻表示：「責任太重了」、「我看〇〇做這個做得很辛苦的樣子……」，就算你提起自己當年的經驗，「想當年我為了公司鞠躬盡瘁……」也無法引起他們的共鳴。因此，你需要轉變觀點，一起摸索對部屬而言的好處。

舉例來說，有以下幾點：

- 可以獲得榮升，改為：工作時會有更多決定權和選擇權。
- 可以認識新同業，改為：可以挑戰規模更大的項目。

- 與自己的未來息息相關，改為：提升自己的市場價值。
- 可以幫助客戶，改為：可以解決周遭所有人的困擾。

Z世代對工作不會過度期待，也不想損失自己的利益，所以不妨這樣強調。

讓他們自己說服自己

就算告知好處也無法引起共鳴時，可以利用提問，促使對方關注到益處。不要硬把想法強加給對方，而是要用他們自己的話，來讓他們意識到工作的重要性。

這世上不存在對任何人都有效的魔咒，但有一個方法可以打動人心——利用人們會被自己的話說服這個原理。

每當人們在別人的勸說下，做出一項涉及一定風險的決策時，比如購買昂貴商品等，他們往往會變得理智且多疑，當他們自己意識到（前思後想才發現）好處時，就會下定決心購買。

根據這個原理，你只需要用提問的方式，讓他們意識到這件事能給自己帶來好影響，就可以促使部屬行動。最有效的問法是：「如果你是主管，當你不得不把工作委派下去時，你會如何勸導員工？」

「我應該會說：『這不僅關乎薪水和績效，還關乎自己本身的潛力發展，比如獲得管理技巧、心理層面的成長，甚至可以成為管理階級的一員』吧？」這個回答正是說服他本人的最佳咒語。**重點是讓部屬自己說服自己**。

POINT

問部屬：「如果你是主管，你會怎麼做？」

3 列出執行步驟，不是給心法

在分配工作時，指示要具體，以免團隊搞錯方向。利用步驟一、二、三，你就能解決部屬不知道該做什麼事的問題，他們也可以把該做的事落實到行為中。

主管和屬員對工作的看法不同，觀察事物的角度也不一樣，因此，常常發生這個工作對主管來說很簡單，員工卻覺得很困難的情況。

考量到這項差異，主管就得提供具體步驟，讓團隊成員按部就班完成，例如，你對一個從未做過銷售的員工說「只要拜訪客戶一百次就能成交」，他也無法付諸行動。反過來，當你給出明確步驟：

第一步：列出潛在客戶的聯繫方式。

第二步：擬一份拜訪稿。

第三步：設定目標、拜訪客戶、統計行動和結果，並調整改善。

即使他沒做過業務，也能馬上懂該怎麼做。

能否準備好連新人都能自己實踐的步驟或教戰手冊，也是作為主管該有的能力體現，確保你可以將自己做過的業務，妥善傳接下去。

給建議時要交代具體行為，不是心法

給予指示時要具體。有些部屬會從多位主管那裡得到建議，且超出必要，反而被搞得很混亂。

如果只是用抽象教法指導，例如強調心態，屬員將難以調整行動。列出必要步驟，讓對方用身體去記憶，這才是指導，就像爬樓梯，只要懂得抬右腳、踏步、抬左腳的步驟，即能辦到。

你就算告訴他們：「我費盡了千辛萬苦才爬上樓梯」、「我是靠這樣來提升自己的動力」，他們也沒辦法學會。

提供心法，雖然可以激發對方的幹勁，但並不會引導出具體行動。如果對方有負面的先入為主觀念，這類建議反而會讓對方覺得很虛假，而告知具體行動，只需要按照步驟行動即可，因此很容易創造出成功經驗。

重點是，要先傳達步驟，而不是心態，你得讓對方知道，「接下來就只剩你要不要去做」，這才是讓屬員主動做事的方法。

POINT

告知步驟，然後讓對方先試著付諸行動。

4 光罵他懶沒用，你得這樣下指令

主管的職責是關注、指導並引領員工朝正確的方向前進。部屬走錯路時，他不太有感覺，因此，主管需要出聲提醒，並協助修正軌道。

但是，如果一上來就嚴厲警告的話，Z世代會士氣低落，因此，作為教練方式的一環，你可以先傳達你的期望，藉此引導對方，也就是將期望值可視化。

所謂的期望值可視化，是指量化（數值化）你的期望。如果你只是說一句「加油吧！」，底下的人會不知道該努力到哪種程度才好，反而造成認知上的差距，從而導致溝通上的齟齬。因此，你得持續用數值來表示。

舉例來說，如果是銷售員的話，與其責罵：「你怎麼達不到績效！」

倒不如說：「以目標是十而言，你現在的行動量只有一。你有什麼看法？」這麼一來，部屬就能明白自己行動力不足，也能清楚看到自己該做什麼。

如果需要跟其他人比較時，與其說「他比你做得更多」，不如說「以目標是十而言，他的行動量也有十唷！」利用數字，屬員也會知道他必須採取行動來彌補不足處。重點在讓對方意識到需要改進的地方，並適當敦促他採取下一步。

能引領部屬走到下一步，才是有效指導，與其讓員工失去幹勁，不如用數字點出問題，讓他們察覺不足並調整。

POINT

用數字表示目標和行動力，讓部屬察覺不足處。

5 年長部屬表現差，可以明說嗎？

當部屬比自己年長，或是比自己年輕，但實力、成績都和自己不相上下時，往往會很難開誠布公。

我過去曾有一個比我年長一輪的員工，他是一個經驗豐富的老手，但是他沒有做出業績，最終不得不請他離開公司。

他最終選擇離開公司，絕不是一件壞事，相反的，如果這份工作不適合他，他卻拖拖拉拉的繼續做下去，反而才是問題。我認為，我能直接與他本人溝通，並鼓勵他辭職，反而是一件好事。

不過，當初我還是煩惱了好一陣子，將近一年都還是沒辦法告訴他。本來我應該給他看公司要求的數字，並直接跟他說，如果達不到，他很有可能會被解僱，但由於他比我年長且經驗豐富，所以我在內心某處還是對他有所顧慮。

當我好不容易敢跟他說時，他也已經意識到，自己的處事方式並不適合這一間公司，於是決定辭職。而那段期間，還是對其他成員帶來了不好的影響。

當本應指謫卻不去做，等同於縱容，這種情況反覆累積下去，不僅會破壞自己與當事人的關係，甚至還會影響其他員工對自己的信任。

有問題就點出來，也是主管重要的技能之一。發現問題卻不說，反而會給公司、團隊，甚至給自己帶來困擾。

有問題不點出，自己也無法工作

若你覺得告知這些問題，對方也不想聽，於是決定不講，也不會改善現況，因此，你可以試著將其視為一種磨合。

當人們心裡想著「不能再這樣下去了！」時，每個人的感受不一樣，比如，部屬覺得「雖然沒達到指標，但我已經很努力了，所以沒關係」；而主管看到數字後卻認為「你不能因為有努力就說沒關係」，這種想法上的差異，必須盡快解決。

如果放任下去，無論過多久，團隊都不會有危機感，也不會改變他們的行為和結果，如此一來，便會帶給自己很大的壓力，且壓力過大，很容易出現情緒化的憤怒，一旦因此大肆責罵員工，那麼你提出的指導，便無法讓他們吸收。

在無端承受壓力的狀態下，會無法做好工作，就此意義而言，主管應將該說的話，好好告知部屬。

POINT

發現問題卻不告知屬員，反而會影響自己的工作。

6 標準要簡單合理，然後靜待結果

主管在傳達事情時，試著先將自己的要求限縮成一件。

特別是在「要求」這一點上，主管在明示自己的需求後，就要耐心坐等。例如，製作文件時，告訴員工：「內容不用太完整，有錯漏字也不要緊，儘管寫出自己的意見！」這種要求方式，才足以激發出優秀提案。

在要求成員為新項目出謀劃策時，主管一旦給予這樣的指示：「請從各種角度思考，提出可複製且更有效的提案。」反而會限制想法，如果再增加「營業淨利目標〇億日圓」、「人事成本盡量壓在最低限度」等條件，對部屬來說難度會再提升。

當然，身為主管，一定會想要添加這些條件，我能理解主管想要收到好提案的心情。然而，如果可以先忍住，並傳達：「什麼都好，拿出能提升銷售額或促進公司發展的提案給我。」反而會得到意想不到的結果。

縮小要求範圍，其他都交給成員決定，他們才能大膽行動。主管只要密切關注他們的動向，並在後方提供支援即可。

POINT

增加條件很簡單，但縮小要求範圍，才是主管該做的。

7 讚美，眼神比口頭更動人

現代工作方式越來越多樣，即便是同一間公司的同事，也不一定都會面對面溝通，正因如此，與部屬間的談話，也比過去更需要重視情緒。

例如，當部屬取得成果，像是「收到客戶訂單」、「合作公司願意採用提案」等，假設你只發短訊說一聲：「恭喜你！」屬員收到訊息，會去揣測這段文字背後是不是話中有話。

當你要讚美時，除了透過文字或語言，更要運用你的「臉」。運用表情，即便是同樣詞彙、立場，對方在接收訊息時，也會有不同感受。當有兩個或以上不同的訊息時，人們會相信視覺上的訊息，正因如此，**當有好事時，要用眼神傳達，以此建立良好關係**。

不過，需要注意不要表揚過度。在取得成果之前，過度讚揚會讓部屬對自身能力產生錯誤的自我認知。建議主管要基於實事，理性給予讚美。

POINT

表揚時，要用眼睛來傳達。

8 員工遲到或忘東忘西，當下提醒

傳達事情時有分即時與事後告知兩種，而當要指謫不良行為時，要即時告知。例如，部屬遲到或忘東忘西，要當場提醒，若你事後才提，對方會想：「什麼？當初不是默許了嗎？」反而很難讓他們信服你。另一個常犯的錯是，同時警告兩件事，「你剛剛沒有好好打招呼。還有，在這之前你還忘了帶名片……。」一旦提兩件事，重點就會失焦，無法讓部屬了解你的真正意思。

為了避免這種情況，主管必須即時關注問題點，並提供協助，讓他們知道自己需要改進什麼。

POINT

員工犯錯卻事後才提醒，反而無法讓對方信服。

9 好主管都懂得自我宣傳

主管打造個人形象，下達指令才有說服力。

個人形象，意味著自己展現怎樣的一面給外人看。「公司員工如何看待自己」、「客戶和其他相關人士怎麼看待我」，要意識到自己一直被不同人關注，然後適當的表現自己。我公司裡也有這樣的人，他沒有什麼主管經驗，一直煩惱該如何與部屬溝通。

於是，他透過撰寫介紹自己的文章、製作影片，和接受其他媒體採訪等方式，提高自己的威望，這麼一來，新進員工就可以更容易理解他這個人。即便他嚴厲指導，員工還是會聽他的話，溝通也變得更順利。

主管應當不時思考部屬是如何看待自己，並塑造出一個更理想的主管形象。

POINT

隨時思考部屬會如何看待自己，並且扮演一個理想的主管形象。

第一章總結

- 事先傳達為何要做這項工作的目的和意圖。
- 讓部屬知道這對自己有好處。
- 讓員工自己說出來，並讓他們自己找出答案。
- 給出清楚步驟，讓他們做做看。
- 用數字表現目標與行動力。
- 績效不達標，要敢找員工談。
- 將要求限縮成一件事，然後坐等結果。
- 表揚時，除了說，還要用眼神表達。
- 員工犯錯，要當場提出。
- 思考部屬如何看待自己，並扮演一個理想的主管形象。

第 二 章

忙碌不是美德，
你得停下腳步讓他問

1 有些人就是會不停的抱怨

你得經常詢問部屬：「你心裡怎麼想？」

平時建立良好溝通關係，以便在任何時候、任何情況下，都能問出員工的心裡話，從而在重要時刻時，也能清楚知道他們的真實想法。

這裡的關鍵在於速度。

首先，並不是所有主管和屬員，都能建立好信任關係，對於那些尚未跟你建立信任橋梁的員工而言，你得盡快引導對方說出他自己的結論。

當你試圖問出部屬的真實想法時，如果對方對你顧慮重重，不管多久，你還是無法問出他們的真心話。關鍵在於創造出一種情況，讓人可以在某種程度上忽略這些顧慮。這種方式，可以讓對方坦誠說出心裡話，日後發生什麼事情時，你就可以當場問：「你內心是怎麼想的？」如果部屬和你說：「我真的就是這麼想的。」代表你們彼此有了共識。

重要的是，由你主動詢問他們的真實想法，進而推進工作。不過，即使他們話不多，也並不意味著他們對某些事情不滿，他們可能其實什麼都沒想，或是不感興趣、不關心。

消滅部屬馬後砲

在工作時問一句：「你對這項業務有什麼看法？」引導出他們的想法，比如「我不想做這份工作」、「這工作也是我來做嗎？」，然後你可以進一步追問：「你為什麼會那麼想？」

如果他們回答：「因為那個前輩看起來很悠閒」、「為什麼不讓他做就好了」，你可以再仔細說明「那位前輩正在做某某工作」、「在你沒看到的地方，他其實還有其他職責」。

有些人會不停的抱怨公司：「反正不管說什麼，也不會有任何改變。」對於這類成員，你要向他們明示：自己會向管理階層提出建言來改善現況。

如果主管有好好解釋，雙方便無須展開不必要的爭論，還可以讓對方主動說：「這是我的工作，由我來做。」如此一來，就可以避免部屬事後馬後砲──「你要我做的話，我就去做……」在半推半就下開始執行後，又改口「其實我並沒有很想做」。總之，就是要讓他們無法使出馬後砲卡牌，令他們為自己的發言負責。

POINT

由你先主動問部屬的真實想法。

2 先花十五分鐘聽他講，再下指令

當你有事情要告知部屬時，你反而要先留出十五分鐘來聽他們說話。

藉由此方法，可以明確向對方表明「我很願意聆聽你的問題」，既可以加深彼此的信任，還有助於打好關係，讓對方更容易接受你的話。

最好定期抽出時間聆聽對方心聲，若**對方是新進員工，建議每天一次；若是有一定年資，建議每個月一次左右**。

如果你不留些時間傾聽部屬心聲，就會變成是你單方面要求他們來回應你，由於對方還沒準備好要聽你說話，所以不太願意坦率接受你所提出的建議，如此一來，彼此就會產生摩擦。

即便你定期找時間和屬員談話，若沒有花足夠心力去聽對方說什麼，就會變成是你自顧自的講，對方完全無法表達自己的意見，最後只會回你：「好的，我明白了，謝謝。」

給時間讓部屬咀嚼

若希望對方完全理解你講述的內容，你需要給他們時間「咀嚼」（思考並理解）你所說的話。

千萬不要讓他們只是回應「我明白了」，而是要**讓他們以自己的話再表達一次**。單方面不斷輸出，等於是剝奪部屬提出「你是指這個意思嗎」、「關於這點，我是這麼想的」的發言機會；如果是主管單方面發派指令，部屬只會照單全收，並回覆「好，我明白了」，或是在心裡抱怨，讓對話流於表面。

要讓員工把主管的話內化成自己的東西，而不是讓他們只是像聽廣播一樣聽完你的話，**你得和部屬深入對談**，比如對方問：「請問你是指這個意思嗎？」你回：「說得也是，要我再追加補充的話……。」這樣才能算有幫助。

在銷售現場，如果主管說：「若想做出成績，你得多主動去做。」部屬可能只會回：「我明白了（主管被數字追著跑，真是辛苦）。」並覺得事不關己。

流於表面的學習，並不會促成員工行動，因此，你們之間的對話應該要像這樣：

主管：「如果把我剛剛說的，套用在你身上的話，你會怎麼做？」

部屬：「可能需要增加打電話和預約拜訪的次數。」

主管：「沒錯。」

部屬：「請問應該做到什麼程度才好？」

透過對話讓部屬吸收內化，主管的指示和教導才能促使他們進一步採取行動。

活用一對一溝通

為達到此目的，便是靠留出十五分鐘聆聽部屬心聲，就算只有五分鐘也沒關係，目的在於讓團隊發言、主管聆聽，進而促進員工將指示和教導內化成自己的東西。

我也會每個月留出十五分鐘的時間，聆聽屬員說話，同時致力於提高部屬對自己的信服度，並修正彼此的期望差異，這讓我公司的員工留任率保持在九〇％的高比率（二〇二一年度）。

我的談話內容主要以「目前的工作內容」和「公司日後的發展」為主，「你目前工作上有碰到什麼困擾嗎？」、「公司以後打算往這個方向發展，你對自己的職涯有什麼疑慮嗎？」他們提出的任何問題或要求，我會盡快在當天或一、兩天內回覆。

透過這樣不停交流，讓來自管理階層的訊息，更容易傳達下去，他們也會開始認為「這間公司會認真聽自己說的話」，以此建立信任關係。

要讓這種情況成為公司的一種習慣，也可以多加活用一對一這個方法。從前的一對一溝通，往往都是主管在講、部屬坐一旁聽，但應該要反過來，雖然最終目的還是在下達指令，但如果先聽對方說話，更能有效讓他們接受指令。

POINT

花十五分鐘聆聽部屬心聲，他們就會坦然接受指令。

3 共同討論，引導出潛在意見

想要挖出員工內心深處的真實想法，研討會也是一個有效方法。開研討會主要是為了製作企劃書，具體內容會是「解決公司當前問題」、「如何改善現狀」等，簡單來說，就是做一份能增加公司營業淨利的企劃書，因為解決公司問題及改善現狀，都跟公司利益息息相關。

那麼，為什麼開研討會能幫助成長？因為屬員可以深入思考並更了解公司，最重要的是，他們願意積極為公司著想，並想辦法解決問題，這個心態，將帶來更豐富的學習成果。

研討會也能幫助員工更了解公司，「營業淨利多少？」、「淨利率多少？」一邊調查，一邊思考的過程中，可以引導出部屬的意見，他們也會漸漸看出自己應當採取的行動，「我們應當提高招募水準」、「培訓制度這樣訂比較好」、「工作時間應該改成彈性工時」，這些意見都不該只是隨意想出和流於表面的知識，而應該基於公司當前的現狀和問題，讓員工們學會當作是自己的事來加以思考。

研討會方案要實際、具體

部屬在研討會上提出的方案越具體、實際，主管越有可能聽取建議，如果有「工作方式的改革很重要」、「應當改善工作時間」等意見的話，便能引起更有建設性的討論。

從管理階層的角度來看，可以知道「彈性工時制度並不太重要」、「問題出在結構上，並非工作品質」等，有時也會讓主管意識到自己得更努力才行。

公司應定期實施意見交流活動，不僅可以促進組織成員成長，也能協助主管進步。但是，如果只以單純培訓為目的，就會得不到這樣子的效果，研討會不僅只是學習，還要有敢於向管理階層提案的積極心態。

我以前工作時也有參與過這類研討會，它實際帶給我的益處與一般培訓不同，透過與主管、管理階層對話，我得以和他們溝通，負起責任開展工作，而不僅僅是為了培訓而培訓。

讓大家提出建議，引導出潛在意見

如果有人無法在研討會上積極發言，代表這個人對公司還不夠了解，也沒有事先調查。

透過研討會，員工能反思自己對公司的了解程度，還可以培養自己積極參與工作的意願，光憑這一點，舉辦研討會就很有意義。

對主管來說，研討會能讓他們聽到部屬的想法；對員工來說，則可以掌握現狀，且這樣的活動，往往能激發出團隊成員的看法。

如果不方便舉辦研討會，讓員工參加管理會議並提交意見書，便可達到相同效果。

主管表現出聆聽的態度，並提供可以盡情提案的機會，都在傳達一個訊息：我想聆聽你的看法。

POINT

共同討論，部屬才會把公司的事當成自己的事，並想辦法解決。

4 固定一段時間，特地留在座位等他問問題

主管坐在自己的座位上，員工方便找主管商量和報告。盡量待在自己的位子上，是一種簡單又有效的方法，可以展示出你隨時都很歡迎任何人來找你的態度。

尤其近幾年來的主管（中階主管職），經常扮演選手兼教練的角色，大部分時間都被工作追著跑，底下的人也往往不知道何時可以找主管討論，導致無法解決手邊問題。

Z世代比較偏向找適當時機匯報，加上害怕犯錯，所以出現問題時，不會立即找主管商量，反而讓問題拖太久，主管發現時便會抱怨「為什麼不早點告訴我！」

每天工作都會發生各式各樣的難題，主管的職責是要問出現在碰到什

麼麻煩，並加以解決，且越快越好。這時如果主管都不在自己座位上的話，事情就會被拖得更久。

此外，主管應當以當前情況來下決策，如果你不能掌握相關資訊，那你所做出的決定，精準度便會降低，這也是你為什麼應該多待在自己的位子上。

忙碌不是一種美德

你得把工作分派下去，而不是每件業務都事必躬親。當然，你只需要交辦一些出去，好讓自己能留在座位上就好。

許多主管沒辦法把工作發下去，我覺得是因為大家認為忙碌是一種美德，我也會這樣，我要看到當日行程表排得很滿，心裡才會放心，但主管其實應該把時間用來聆聽員工煩惱、下達指示。

你若是重新思考自己應該做些什麼，才能做出對公司有利的決策，答案自然會浮現在你眼前——待在現場掌握情況。

如果你不盯著現場，便無法準確知道現況和傳達訊息，最終便很難做到與公司共享資訊。理想情況是，由主管在工作第一線，由管理階層鳥瞰全局並做出決策。

話雖如此，主管要做許多事，有時會長時間找不到人，我建議將時間點最佳化——確保雙方清楚了解何時可以商量。比方說，你們可以共享一個線上日曆，並標明何時可以聯繫，或者設定一個時段，比如「每週五的這個時間」，也是不錯的方法。我也會在每週五提前預留一段時間，員工便可以盡情問問題。

POINT

固定一段時間，特地留在位子上讓部屬問問題。

5 利用文字與部屬頻繁交流

切勿苛求底下員工要頻繁報告、聯絡、商量，過度要求，反而會讓部屬消極報告。

你之所以擔心部屬的工作表現，是因為業務流程、教戰手冊尚未準備好的關係，儘管你得為成果負責，但也不要打斷對方的專注力。

主管和員工的溝通相關思考方式，可以分成「提出者責任」和「接受者責任」兩者。提出者責任，是指責任在部屬身上；而接受者責任，則是責任在主管身上。

理想情況是，主管須採取接受者責任，也就是不管屬員向主管商量或匯報什麼事，主管都要為這些事負責，並準確了解報告內容。

如果主管採用提出者責任，往往會從指導、評判的角度看待事情，把注意力集中在對方犯的錯上，「報告寫得不好」、「格式沒做好」、「會議紀錄不符合要求」，導致部屬永遠都在製作完美的資料。

如果從幫助公司實現淨利最大化的角度，這些問題就顯得微不足道，而且是在逼迫員工做額外的工作，妨礙他們發揮本來應有的生產力。

關鍵不在於要求屬員要頻繁報告、聯絡、商量，而是主管要自己從中主動獲取資訊。

利用文字報告與部屬頻繁交流

我在上一份工作時，某些主管的思考方式是提出者責任；有的則是接受者責任。當我在一位提出者責任的主管下面辦事時，我用 Excel 彙整了報告數字，光是數字裡半形全形混用，他就會罵：「這是什麼東西？你打算提供這種資料給客戶嗎？」我認為點出這個問題本身沒有錯，但當時我常常為此加班，而我不明白這種加班是否會影響成果，也覺得這個經驗，並沒有讓我得到什麼正面收穫。

我的下一個主管，則是採用接受者責任方式，他說：「報告資料可以是文本、Excel 或其他任何形式。」因此，從提供實際數據到諮詢意見，我可以輕鬆以文章形式提交給他。

這增加我們互相交流的次數，我的工作成果也有飛躍性成長，因為我不必花時間修改資料，能專注在我本來該做的事務上，而且與主管間的溝通也很順暢。

主管須以接受者責任的方式去看待提交上來的資料，只要主管不苛求要頻繁報告、聯絡、商量，團隊就可以繼續推進他應當做的工作。

順便提一下，亞馬遜（Amazon）禁止使用 PowerPoint 來製作簡報資料，因為它會讓資料結構變得很單一，動畫效果則會掩蓋掉內容，讓人很難深入討論。

做簡報時，需要與主管分享自己的思考過程，最好的辦法是用文字彙整並傳達，而不是利用 PowerPoint。

事實上，越仔細研究簡報用的企劃書，企劃書就會越修越好，而這些過程需要的是文字交流。比起怎麼運用投影片效果，讓屬員們養成用文章來彙整的習慣，才是主管應給予的指導。

與其把報告做得漂亮，不如做得粗糙

在我的公司，也鼓勵大家用文本形式製作報告，但是，有些人還是會想用Excel。當他們在製作精美圖表時，反而失去儘早得到反饋的機會。

事實上，有些人太過於拘泥細節，有時候甚至花上一週都還沒做完簡報，雖然將資料彙整完美，的確會有一種大功告成的成就感，但如果拖到時間，反而錯失商機。

一年有三百六十五天，五十二週，除去大型連續假期後，大概也只有五十週左右，換句話說，拖延一週，等於損失了五十分之一的時間；拖延兩週，則是損失了五十分之二，決策時間也會因此受牽連，導致公司失去判斷良機。

即使耗損只有二%，累積起來還是很可怕。如果只是一個人倒還好，但若關聯到整間公司的話，最終很有可能造成高達十億日圓、一百億日圓規模的虧損。

主管的工作不是一直要求部屬要報告、聯絡、商量，而是要自己主動去掌握資訊，讓部屬專心工作，讓成果最大化。

POINT

主管的工作是管理事務、掌握現狀、接受資訊。

6 多問幾句「最近工作好嗎？」

主管若想在重要時機和部屬談論嚴肅事情，需要事先建立好關係。

對Z世代而言，他們不會僅因你是主管而聽你的，如果沒有事先預熱關係，到了緊要關頭，就會無法好好溝通，甚至連日常建議，他們可能也不會接受。

人與人之間熟或不熟，是由交流次數來決定。

若只是點頭打招呼的交情，你突然跟部屬說「請提出改善公司的提案」、「這次的人事異動……」，他只會覺得很麻煩；相反的，若可以反覆交流，比如「早安，你今天狀況怎麼樣？」「還好。」「週末有去哪裡玩嗎？」「我和家人去旅行了」「很棒耶。對了，你覺得目前職場上的溝通效率好嗎？」便能逐漸建立信任關係。

用另一個說法來說，就是「增加回應員工期待的次數」，這裡所指的期望，也包括回答問題。換句話說，主管若是有回答部屬問題，也可以加深信任度。

溝通越多，信用越深

正如「信用交易」一詞所說，一個人有沒有信用，需要靠這個人過去的行為累積。而溝通最重要的是，要有問必答。

在經營一間公司的過程中，會不斷累積借貸、按契約還款，如此增加自己在銀行的信用，若有好好累積，之後還可以向銀行追加借貸，保持良好借貸關係。

如果可以從第三方融資調度等獲得資金，就可以借到與所持現金相同金額的資金，例如，如果你有三億日圓的存款，你可以用這筆存款作為擔保，再借到相同金額的資金，之所以可以辦到，是因為有過去的信用紀錄。銀行在放貸時也要承擔一定風險，因此他們會根據你的還款紀錄、融資調度能力等，來判斷如何與你交易。

同理，信用度在主管和部屬間，也會帶來很大影響。

當主管提出「我需要你幫忙」、「我想拜託你做這份工作」等請求時，有信用的主管，跟沒有信用的主管相比，屬員對這些事的態度會有所不同，如果沒有靠溝通搭建橋梁的話，Z世代就不會想努力回應你的期望，所以主管平日得多和員工話家常，同時累積自己的信用度。

想要更深入對談時

如果平常很少交流，就很難聽到成員的心聲，因為他不信任你，所以會覺得「說出真心話可能會被罵」、「主管對我的評價會下降」，所以他們只敢說一些安全的話。

你得靠對話來問出他們的真實想法，只靠平常打招呼或談論天氣沒用，光憑這樣並不能跟對方深入交流，能和部屬談論與工作相關的事，是最理想的，「你在工作上有什麼困擾嗎？」、「你對自己的薪水滿意嗎？」有時開誠布公談論公事，反而能加深對話深度。

如果你們可以彼此討論興趣嗜好，卻無法深談對工作的看法，某天可能會發生對方突然說要辭職的情形，這代表你們雖相處融洽，但其實對方不信任你。

當然，要抓準時機不容易，你也許無法立即實行，這也是為什麼平常就要多和屬員交談。當然，適時打招呼、閒聊，也不可少。

除了在公司內部，利用線上聊天軟體溝通時，對部屬的發言點個讚，也是一種交流方式。

POINT

問問部屬工作上有沒有困擾、有什麼看法，藉此拉近彼此距離。

7 找個會議，專門用來交流資訊

在推進特定專案的例行會議上，開會的目的往往是要得出結論，如此一來，想法上也會朝著這個方向走，反而限縮了視野，因為與會者們會想：「為了得出結論，我們的想法得收斂一點。」

如果你在同一個團隊、同一個環境中工作，當你遇到問題時，你能做的事情就有限，若有其他公司或其他部門參與的話，能做的事會變得比較多樣，但總不能每次都這麼做。

開會時多下這一點功夫——召開僅以交換資訊為主的會議。為了保持或改善彼此間的關係，故意召開不用得出結論的會議。就像銷售員如果只專注於讓客戶決定要不要買，反而會讓顧客壓力山大，最後不想再找對方談生意，或者顧客本來很想買，但被逼得太緊，最後就放棄。會議也一樣，你得想辦法改變員工對會議的看法。這時，可以側重於資訊共享。

刻意打造一個只單純分享訊息的場合，打破開會就要有結論的態度，讓會議成為團隊談論事情、主管聆聽意見的場所。最好租用一個場地，或是在沒有白板、電腦的情況下開會，效果會更好。總是跟平常一樣的話，會擺脫不了既有認知，所以換個環境會比較有效果。

重點是表現出你在聽

單純分享資訊的會議，近似於飲酒會或公司聚餐，然而，參加飲酒會時，大家往往都在閒聊，而時不時舉辦聚餐也不切實際，因此，我建議活用平時會議，簡單共享資訊。

這時要一開始就聲明：「今天開會就只是想請大家分享目前遇到的情況，內心有什麼想法，或是平時難以啟齒的事、碰到的困擾，都可以提出來。」重點在讓員工盡可能充分吐露所有想法和感受。

當然，不用所有人都要當場分享資訊，重點是讓成員知道，你是一個願意傾聽他們心聲和想法的主管。

當你真的召開會議，部屬會後來找你商量的次數想必會提升不少，「不好意思，剛剛在會議上我其實有話想說，但沒有勇氣……」，如果你能引導部屬會後來找你商量，也算是有達成目的。

畢竟不是每個人都能勇於說出遇到的困境，重要的是建立融洽的關係、抱持不求結論的傾聽態度，才能即時汲取部屬的資訊。

POINT

營造出暢所欲言的氣氛，也是主管該展現的手腕之一。

第二章總結

- ☑ 詢問部屬：「你內心覺得怎麼樣？」
- ☑ 定期抽出十五分鐘傾聽團隊成員談話。
- ☑ 透過讓大家提案，引導出潛在意見。
- ☑ 刻意待在位子上，以便部屬找你商量。
- ☑ 以接受者責任的方式聆聽部屬的話。
- ☑ 平常和部屬多交流。
- ☑ 偶爾召開共享資訊會議。

第 三 章

新人成長要時間，你得不斷給機會

1 他其實會做，只是做得還不夠好

無論多麼優秀的人，也不是一開始就可以把工作做好。

年紀輕輕就當上主管的人，很容易陷入這種想法：「我當初可以做好，不懂為什麼部屬辦不到。」

沒有完全不會做事的部屬，他們只是尚未做好而已，換句話說，他們今後會再成長，而成長速度因人而異，主管需要等待。

要有階梯式進步思維

要等待對方成長，主管需要擁有階梯式進步的思維，是指把教導過程分為「知道→理解→會做」這幾個階段來思考，「我教你了，所以你就要會」，這只是主管一廂情願。

從接受主管指導到會做，需要先理解，才能做到。當部屬在咀嚼期間，主管需要耐心等待，如果主管直接繼續教下去，那麼不管教多少次，對方都無法做好。

教導時需要分別運用教育方式（教導）和教練方式（引導），主管應耐心等待，讓部屬可以依「知道→理解→會做」步驟漸漸進步。比如，在員工培訓中教導工作內容時，如果是一般培訓，通常是主管傳達工作內容、員工「知道」，或者，讓對方提交報告等，藉此引導他們「理解」。但是，僅憑這些，他們並不能達到「會做」的階段，之後還要利用實際演練、OJT[6]，帶領他們直到能勝任工作，這樣部屬才算是會做工作。

像這樣子在教導工作時，主管的職責就是要帶領他們做到為止。

近年來，招聘人員時，逐漸有追求即戰力的趨勢，隨著賣方市場持續發展，今後這種趨勢應該會更加激烈。**不管怎樣的員工，你都有辦法協助他成長，這會是你職涯中最大的武器。**

利用「知道↓理解↓會做」的步驟，重新審視你的教育方式。

POINT

教導部屬要有「知道↓理解↓會做」的概念，並等待對方成長。

---

6 OJT是On the Job Training的簡稱，一種培訓方式，主管透過日常工作，教導部屬、普通員工和新進員工必要的知識、技能、工作方法。特點是雙方一邊示範講解，一邊實踐學習。

2 不談理論，直接讓他實際操作

前面提過，部屬的成長速度因人而異，他們對所學知識的記憶程度也不同。為了讓所學內容儘早扎根，並在業務中發揮戰力，就需要將知道、理解轉變成會做，換句話說，學習方法最好要能實際應用。

主管要以入職培訓（onboarding）的思維來指導。所謂入職培訓，是從英語「on-board」衍生而來的詞彙。on-board 的本意為在船上，而在商業界中，指的是一種員工培訓措施，用意在於**將新進員工、中途進來的職員儘早培育成具有戰力的人才**。

要想讓員工有即戰力，僅傳授理論知識不可行，你要想好你希望部屬在何時之前、在什麼崗位上成為有效戰力，並為此制定好培訓步驟，比如，在我公司的員工培訓中，儘管我們是一家以銷售為主的公司，但完全不會教授任何銷售員該有的基本功（商務禮儀），比如遞名片的方式、如何打招呼或座位順序等，相反的，我們會教他們近年來流行的銷售手法，如線上銷售、推銷電話、內部銷售，並讓他們實踐，**我們教導員工如何應用，讓他們在累積經驗的過程中學會基礎**。

這與一般的員工培訓恰恰相反，但透過讓他們在實踐中儘早做出成果、成為戰力，可以讓他們自覺到自己已經是專業人士，同時讓他們思考：「身為公司的一員應該怎麼做？」並在實踐過程中找出自己的答案。

從課堂學習改以實踐為主

學會應用後實踐，一邊行動一邊學基礎，這樣學習才扎實，部屬也可以直接成為公司戰力。

如果是從課堂學習理論後，才到工作現場實踐的話，許多理論可能無法派上用場，就好比學校教的古文、英文，你就算學習了好幾百個小時，仍無法應用在實際對話上，所以，要教授可以在公司使用的技術。

我在一所高中教授學生商業經營，有一次我出了一道課題給他們：「請幫 GigSales 設想人才招聘的推廣活動。」我甚至設計了這樣的流程：如果想法有被採用，就立刻實踐，若因此確定可以招到人才，便會支付報酬給學生。

你可能會覺得這對高中生來說很難，但我將目標設定在能實際運用，並創造了一個讓他們能學習相關知識的環境。不需要向他們說明「招聘活動是什麼」、「推廣活動是什麼」，只要告訴他們，「GigSales 需要的是二十多歲，想賺錢的年輕人」就夠。然後，等真正行動時，若還有其他要學習的事物，之後再去了解即可。

當然，由於他們缺乏基礎知識，所以也犯了不少錯，比如，明明規定要交ＰＤＦ檔，有的人卻給 PowerPoint 或 Word。不過，他們都有做到思考後輸出，也可以從中學到「做這份工作需要有這些知識」，代表他們擁有了即戰力。

今後的時代，需要這種入職培訓的思維，因為工作內容不停變化，**比起基礎知識，反而更重視能馬上應用的實踐性技能**。正因如此，與其教授理論，不如重新制定培訓計畫，讓員工能快速派上用場。

POINT

讓部屬們從實踐中獲得經驗。

3 給部屬目標數字，他會想辦法達標

在我公司這類新創企業裡，年輕員工常常會被拔擢為專案負責人，但是，如果讓他們承受所有責任，會給他們帶來過大壓力，因此，我會決定好工作範圍後，再交給他們去做。

但如果範圍定太窄，他們就會只做好自己的業務，進而失去挑戰或額外下功夫的空間。例如，如果是銷售部門的話，要先決定好「開發新客戶」、「維護舊客戶」等項目來安排工作範圍。此外，還要量化目標來定義你的期望程度，比如，「我希望你能創造○○萬日圓的銷售額」、「營業淨利目標是○○萬日圓」、「招聘目標人數是○個人」。如果難以給出明確數字，不妨先制定一個暫定的評價標準，像是一百分滿分中可以拿到幾分。

有了數字，就可以思考目標與自己行動之間的差距，重要的是，無論是否達標，主管都要等員工能針對這個差距自問自答、找出答案為止。

無論是什麼樣的工作，其業務範圍都是流動性的，藉由職責分工和目標數字，可以促進部屬自我成長。

POINT

職責分工並量化目標，促進部屬成長。

4 目標設太高，人反而沒動力

給予適當評價，會讓團隊對你產生極大的信任。但不要只單純說「你很厲害」、「恭喜你」等，要說得更具體，因為這是在告訴對方，「我有在好好關注你」、「我很看重你」，對方會覺得自己有被認可，進而努力工作。

但在給出評語之前，你要先設定適當目標，如果定了一個難以達到的門檻，部屬反而不知所措，比方說，「上一個年度的銷售額明明是十億日圓，為什麼今年的目標是二十億日圓？」因此失去幹勁也不足為奇。

而且，當沒達標時，部屬會認為這不是自己的問題，這樣一來，他們就不會吸取經驗，因此，你需要防止事態走到這個地步。

如何設定適當的目標

決定好目標高度（數字）與花費的時間後，將其共享出去。

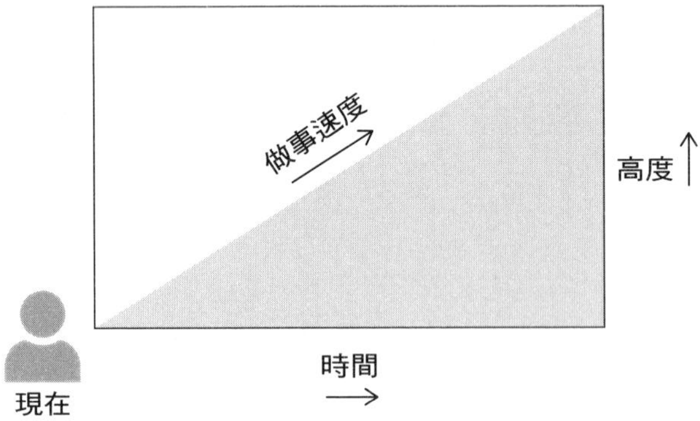

給出數字和期限

在設定目標時，要包含高度（數字）和時間，我來舉個例子，將銷售額目標設定為一百億日圓，這就相當於高度，設定期間時，要根據現狀調整，比如十二個月後、二十四個月後、三十六個月後，如果沒有明確點出時間，現場工作人員可能會認為某天有完成就好。

這意味著主管和團隊間未能達成共識，「為什麼無法達成」、「我們目前有在朝二十億日圓的目標邁進」，進而導致溝通不良，結果，主管便無法做出正確評價。

為了防止事態變成這樣，主管得根據現狀來設定目標數字和時間，並將其共享出去，就像數學裡面的「速度、時間、距離定律」一樣，一旦確定目的與花費的時間後，做事速度自然也一目瞭然。主管應根據這些目標，一邊看部屬是否有達成，一邊給予評語。

只要決定好高度和時間，本週目標、本月目標、本季目標就會變明確，平日的人事評價就更加容易。此外，還可以根據情況，調動員工及修正其行為。

POINT

利用目標數字與花費時間，來設定適當的目標。

5 先說好棒，再點出問題

當你需要提供建言時，先表揚後再切入正題，對方會更容易接受並真誠回應。如果你突然開門見山說：「你的問題是……。」即使你是對的，對方也會因不想再受傷，而做出防禦性的反應，就算不到抗拒，但也會變得想找藉口回嘴。

例如，你一開始就說：「你這個月工作沒有達到目標。」對方可能會馬上回嘴：「這個月沒有達標是因為天氣不好，所以客戶沒辦法來我們公司。」所以一定要先表揚對方，「前幾天你接待客戶時做得很棒」、「你是第一個開發那個客戶的人」等，他們會知道「主管有在關注、理解自己的作為」，因而願意聽你的話，「但你離目標還差了一步。」「不好意思，我會再努力達成。」

自己做得好的地方備受認同，員工就更容易自動自發，想出對策，比如，「我會讓分工更明確」、「我會請其他成員一起來幫忙」，又甚至提出一些積極的提案，像是「我想請組長一起協助」。

和部屬一起修正工作內容

想使部屬主動做事，需要了解什麼是「KPT」，此名稱取自持續（Keep）、問題（Problem）、改善（Try）的第一個字母，是指從這三個要素來實行回顧與採取下一個行動。

透過回顧，總結出現況當中好的地方和問題後，進一步決定下一個行動，如此一來，就可以形成「行動→改善→行動」循環，而主管要和底下成員一起協調這個循環內容。

很常碰到主管只根據現狀和問題決定提高更多預算、增加更多計畫，卻沒有明確決定要由誰去做，導致無法付諸執行，一個沒有執行能力的組織，恐怕會讓優秀年輕人辭職。

若要避免陷入這樣子的情況，你應該與團隊一起明確決定KPT後再推進業務。

改善比什麼都重要，只要將這一點具體化，並落實到日常業務中，屬員就會自動自發採取行動。

POINT

先給予認同，再點出問題，部屬會自發去想解方。

6 告訴員工，萬一失敗，一起扛

信用與過去所作所為有關，信賴則是對未來的期望。

信用是靠過去所做出的實績所建立出來的。「為何可以相信這個人？」為了得到對方信任而採取行動，便構成了對方信用你的理由。

信賴則是指未來期望。對新進員工，主管的職責就是要相信他的潛力，信賴他並將工作委派給他，由於新進員工幾乎沒有經驗，所以你很難相信他們的能力，但正因為如此，才需要你的信賴，並交派工作。

主管在分配工作時，一定要展現出自己信賴他們，並願意委派工作的態度，這時也要提出，你會針對結果好好評估，還要讓他們知道，若是失敗時，你會一起扛，讓他們安心去做，如此一來，部屬也會信賴你。

不過，也要設定一個明確的期限。在這期限之前，你要信賴底下成員，委派工作出去，然後坐等回報。

第一步是主管信賴屬員，然後對方逐漸學會信賴主管，依此建立關係，主管和屬員要變得能信任彼此。

一起見客戶時也不插嘴

舉例來說，在銷售部門，主管往往會跟部屬同行，若是要讓部屬主導，主管千萬不可以在現場插嘴或出手幫忙。

如果主管以客戶為優先，不自覺在部屬後面補充說明的話，顧客也會費心在主管身上，結果變成大部分時間都是主管在與客戶交談，而不是負責這個案子的成員。

身為主管，你可能會認為自己是在指導員工該如何與客戶打交道，但這其實是不信賴的表現，也沒有把工作全權交給他，實際上是阻礙了他的成長。

讓部屬站上打擊位置、揮棒，再點出需要反省的地方並給予指導，才是主管的工作。敢冒著風險將工作全權交給對方，也體現了你對他的信賴，「這次的談判就交給你了，不要怕失敗，全力以赴。」像這樣從背後推一把，才能促進對方成長。

POINT

既然委派工作給部屬，就要全權交給對方。

7 積極的將工作交辦出去

有些當主管的會想：「與其派工作給部屬，不如自己做比較快。」短期來看或許是這樣沒錯，然而，這是在剝奪部屬成長。

活用一切可以用的資源，才能讓整個組織更容易創造出成果，假設你本身的資源為十，如果分別投資給兩個部屬，他們最終產出的成果總計會是二十，與其自己發揮資源十的表現，不如委託兩個員工去做，會帶來更大效益。如果主管自己擔起工作，屬員可發揮的資源就會被浪費掉，這也是整個組織的損失。

不要自己抓著工作不放，尋找並創造出新的任務，才是主管的職責。依循知道↓理解↓會做這個步驟，在屬員到達會做的階段之前，就把工作分擔出去、把機會讓給部屬，這時也要明示步驟和順序，並展示你願意給他機會的態度，如此一來，會使組織拿到最佳成果。

協助創造、提供機會，是主管的責任。如果員工兩次打擊，都是無安打的話，那麼將打擊次數增加到五次，便是主管的任務，出手次數越多，他們越能取得成果、成長茁壯。

主管應該為團隊搭建出這種舞臺，並學會把工作交辦出去。

POINT

替部屬將打擊次數從兩次增加到五次。

8 一直考八十分，贏過偶爾考一百分的人

總是要求部屬做到最好是不合理的。

即使只是一般優秀，主管也要依此給予肯定、稱讚。特別是在團隊比賽中，**持續不斷得到七十分、八十分的人，比偶爾得到一百分的人還更有價值**。

有不足之處，應由你和團隊的其他成員來補足，好讓屬員可以盡情工作、放手發揮能力。

第一次和顧客碰面就能當場獲得訂單，當然是最好，但是，如果能取得下一次商談機會，也算是表現不錯，如果一味追求最優秀，不管是誰都會疲憊不堪，如果有做到一般優秀，你就可以馬上稱讚他，不用等到他做到最好。

稱讚時，不僅是看成果，也要依據關鍵績效指標[7]，給予讚揚。例如，在銷售部門，透過蒐集潛在客戶名單、促成第二次商談機會等，可以提高公司訂單的總數量，都應該一個一個給予好評價，如此才能讓人產生成就感、激發部屬的幹勁。

POINT

讚揚員工不用等到對方有最佳表現，一般優秀就可以稱讚，依此激發幹勁。

第三章總結

- ☑ 部屬成長需要經歷「知道↓理解↓會做」三階段。
- ☑ 分派下去的工作，最終要能應用在實際情況。
- ☑ 設定明確的目標數字，讓部屬察覺現狀與目標的差距。
- ☑ 以數字和時間來決定具體目標。
- ☑ 建議對方之前，先表揚。
- ☑ 設定期限後，把工作全權交給對方。
- ☑ 與其將工作攬在身上，不如委派出去，更能獲得成果。
- ☑ 找出一般優秀的成果，並稱讚員工，藉此激發動力。

7　Key Performance Indicators，簡稱KPI。

第四章

我的能力很強，部屬卻不想追隨？

1 有名的選手，不一定是好教練

信用與信賴意思上是相通的，但還是有些微不同。信用是基於過去的實際成績建立，而信賴是對未來的事情抱有信心，英語也分別稱為 credit（信用）和 trust（信賴）。主管當然也需要花費一定時間建立良好的信用紀錄。

實績＋自信，提升信用

身為主管的你，若想提升部屬對自己的信用程度，最有效的方式是擁有令部屬佩服的實績，這也能讓你在指導屬員時充滿自信。

沒有好成績就無法建立信賴關係？也不盡然，過去的好成績可以在教導部屬時讓你更有說服力，但並不一定能讓對方信賴你。即使在體育界，也有這種說法：「有名的選手，不一定是優秀的教練。」

主管的工作不僅僅是教導，還必須指揮、給予評價，甚至利用過往數據下判斷，在這個時代，主管要贏得部屬信賴，只需要做一件事——擁有自信。

想要擁有自信，有兩種方法。一種是信守對自己的承諾，另一種是始終表現得像自己。

對自己的承諾，可以是小事，例如早上幾點進公司、週末讀一本書、主動向屬員打招呼，如果你能達成與自己的約定，便會累積你的信用度，也會更加自信，如此，你自然就能表現得果斷大方。做任何事都不迷惘，這種自信感會讓部屬安心，從而使他們信賴你。

POINT

利用實績和自信贏得員工信賴。

2 你要提供機會，不能只在乎結果

主管自己做出成果，是創造信賴感最簡單的方法。

在新創企業，尤其是創業初期，因為會一起工作，所以可以根據每個人各自的成果來管控公司。員工沒有做出成果，公司就無法經營下去，所以在初創階段，往往會以成果至上，然而，在你想擴大組織規模時，成果至上反而會成為阻礙，因為你在分派工作的過程中，會開始覺得自己做比較快。

身為主管，你雖然會覺得「有做出成果，要歸功給部屬」，但辛辛苦苦交出來的成績，自己也會忍不住想分一杯羹。

如果這個成果是偶然發生時，我認為主管可以歸功給自己，這也算是培訓策略上的一部分，但絕不能剝奪部屬的機會。

話雖如此，也不可能一味的把工作扔給部屬，主管應將業務流程可視化，並細分後再發派下去，例如，若要舉辦銷售活動，需要創建客戶聯繫人名單、商談會議、會議後跟進、簽訂契約書、後續追蹤等，將這些細分化業務慢慢移交給團隊，逐步擴大他們的工作範圍。

沒有機會，員工就沒辦法成長，如果你認為自己做比較快，你不僅無法贏得屬員信賴，管理階層也會懷疑你的管理能力，導致你也無法贏得上層的信賴。

POINT

提供機會給部屬，對方會信任你，管理階層也會肯定你的管理能力。

3 挾帶私情的決策最不該

這幾年，職場的心理感受獲得大眾廣泛關注。

能否在這個職場安心工作，將大大影響工作表現，想提升大家對職場的安心感，其中一個主要因素就是公司的前景，是指公司應當發展的方向，以及理想的未來企業形象。

主管若是經常反思公司願景，將有助於贏得部屬信任，下指令時要表明自己是以公司的角度來當作判斷標準。

例如，你不應該說：「我認為這很好，但老闆覺得有點……。」而是改講：「我們公司正在朝這個方向發展，所以希望你能依此提案。」

我公司有一位銷售部門的小主管，我們從以前感情就很好，我對他的輕微失敗和業績不佳睜一隻眼閉一隻眼，認為「我很了解他，他最終會把事情做好」，結果，部門開始抱怨他拿不出成績，不安的情緒漸漸在公司內部蔓延，其中甚至有員工嚴厲指責：「那個人到底在做什麼？」

雖然我希望與他繼續共事，但如果我因私交而掩護他的話，我就會失去部屬對我的信任，員工便會不肯聽我的話，因此，我請他退下小主管的職位，考慮到我們的關係，這是一個非常艱難的決定，但我別無選擇。

不過，正因為我做出了這樣的決定，銷售部門裡才能提拔許多優秀的小主管，公司的整體業績也恢復了。

由此可見，主管也是人，有時候也會挾帶私情，但是，只要是在一個組織工作，就必須做出嚴厲判斷，這時的判斷標準，便是公司願景。

如果你根據公司方針、該做的事、數字目標等來評估，便可以隨時做出適當判斷，不要以個人為指標，而是要回歸到公司願景來思考，一起養成這種思考習慣吧！

POINT

根據公司願景來判斷、評估，而不是靠個人感覺。

4 每件事都要盡快做決定

主管的職責之一是決策，然而，當你既要管理底下員工，又要完成一線工作時，往往會因為要扛的工作太多而疏漏。

當底下員工進展緩慢時，你應優先推他一把或跟進進度，主管絕不能忘記自己是名「旗手」，需要敦促行動。

如果判斷速度慢了，也會拖延到部屬，主管有時甚至得停止進度，**做出判斷和下達指示，是主管的主要任務**。

如果屬員做錯，你應當提醒他們盡快修正，主管的判斷會帶動部屬的行為，而員工的行動又會讓自己獲取經驗和成果。

讓我們來看一些實際案例，你就能明白快速下判斷的重要。

新創企業在創業初期很難找到客戶，往往不會拒絕案子，然而，隨著公司成長，反而來不及將資源分配給那些大訂單的顧客。

我公司也遇過同樣情況，因為這些散單客戶從創業期就有在合作，所以我在判斷上有些遲疑，結果，管理層不得不在這件事情上花費大量時間處理。

最後，我們告訴小訂單客戶「這次是特殊處理」並要求提高價格，藉此讓對方主動拒絕發案子給我們，但這個決斷下得太慢，應當再早一點。

在很多情況下，如果太晚做決策，往往會造成組織的困擾。當自己無法判斷時，可以向自己的上級請示。另外，最好還要安排一些場合，用來與公司老闆、管理階層一起做出決策，像是會議或幹部集訓。

POINT

阻礙部屬成長的原因，或許是主管判斷過慢。

5 怎麼讓部屬服氣？贏在專業

主管的工作是管理和掌握部屬進度。

若想讓部屬追隨自己，光靠這些還不夠，主管必須展現出專業的一面。如果你是一名銷售經理，你會經常需要管理案件進度。

這時，假設你說：「這樣下去無法達成目標，讓我們更努力，爭取拿到更多訂單！」並以身作則，實際拿下幾張訂單的話，團隊應該會更有幹勁，或者，也可以在平常有機會時，就拿出成果。

當部屬看到你有所作為，他們會想「主管已經做出榜樣，所以我也得努力！」、「主管自己也在做，我也要好好加油！」主管以身作則，是贏得信賴的有效方法。

POINT

主管實際拿出成果，部屬也會想做出成績。

6 建立信賴的最快方法：主動打招呼

打招呼是社會人士最基本的行為，主管要積極主動向員工打招呼。如果有人先向你寒暄，你也要好好回應。

若是忙到失去了從容，就會疏於問候，部屬也會察覺到忙亂的氛圍，從而影響信賴關係，因為他們可能會疑惑：「主管有沒有好好看我做了什麼？他會給我公正評價嗎？」為了避免發生這種情況，你得表現得從容不迫。

雖然僅僅只是打招呼，但還是要做好，你或許會認為這不是很簡單就能辦到的事嗎？但令人驚訝的是，很多人都沒有做到。

最有效贏得信任的方式：說一聲早安

工作時會有很多情緒，當你從一名員工變為管理者，承擔起管理責任後更是如此。

一個團隊裡面，既有投緣的人，自然也會有不太合的，對主管和部屬來說都是如此。

身為主管，你應該要盡可能不帶個人情緒，不論對哪位屬員都要好好說聲「早安」或「辛苦了」，如此，部屬也會比較敢倚賴主管。只須稍加用點心，微小的問候就能為你贏得屬員的信任。

員工其實都會觀察主管是否會寒喧，越是忙碌，主管越應該避免留下「這個人真不從容」的印象。

積極與人問好，有人跟你打招呼時則好好回應，僅僅如此，就能累積信任。

POINT

主動和員工寒暄幾句，能幫助你贏得信任。

7 不能老推翻自己在會議上做出的決定

主管要注意，盡可能不要推翻會議上所做出的決定。

尤其該決定跟你給部屬的指示或建議直接相關時，你得慢慢等到成果出來為止，設定一個期間，比如一週、一個月來看看情況如何。

如果你不斷推翻會議上所做出的決斷，底下成員可能會覺得，「真的有要做嗎？」、「反正都會被推翻」，不僅會認為開會是在浪費時間，還會變得不再信任主管。

我過去也曾發生過這種情況。

我公司的一位中階主管，委派工作給他的某位部屬，那是一個蠻大的案子，這位員工對此也非常興奮，但他的主管後來卻推翻該決定，把這個案子從他手中收回來，並說：「還是我自己來吧。」想當然，那位員工失去了所有熱忱。

從根本上來說，一旦你信任對方並把工作交派出去，就應該給他一點時間，看看狀況如何。當然，如果只考慮最終結果的話，有時候或許主管親自負責會更好，不過，**至少在你把工作交給部屬後，一定要花時間仔細評估**。

屬員如果受到了前述那樣的對待，將會不再相信主管做的任何決定。

如果要推翻，就要做出更大的成果

主管如果經常立即推翻自己的話，部屬就會覺得主管的話沒什麼，便也不會認真看待會議上的決定事項、指示內容。但這不意味著所有決定都不可以推翻。**如果能帶來更大成績，你就需要根據情況調整**，例如，當你決定A之後，發生了意想不到的事情，加上上層的判斷，於是你就得變更成B。

雖然你推翻了當初的決定，但如果最終結果會比原來的方案更好，你就能重新取回部屬信任。

你應當盡可能不要推翻已經做好的決定，如果要改變，也要看是否能取得更好的成果。

POINT

盡可能不推翻已做好的決定，如果要改變，也要看是否能取得更好成績。

8 讚美要有憑有據，不能憑感覺

稱讚部屬很重要，但也不是胡亂讚美一通，你得公正評價，不憑心情或感覺。

有時候，主管會為了取悅屬員而給予讚美，但是對方其實也會察覺到你的心思，「這個主管並不是看我做出來的績效來評價我，他只是在討好我罷了」。

以前我待的公司也發生過這樣子的事，當時，公司裡當管理階層的人，年紀大概都二十幾歲，是一個相當年輕的組織。當某個員工僅只是拿到一件訂單時，老闆誇張的稱讚了他一番：「幹得好！太棒了！這是第一筆訂單耶，我們出去喝一杯慶祝吧！」

第一次被稱讚時，看得出來他很開心，但第二次拿到單時，他就沒怎麼被讚揚，這兩次的巨大落差，似乎讓他不太痛快。

過度稱讚、在不恰當時機讚美，不僅不會帶來正面影響，反而會造成隔閡。

制定一個稱讚標準

當然，適時讚美，可以幫助他們努力成長，關鍵是要一視同仁，可以根據成果，盡可能用一樣的方式予以稱讚，這麼一來，部屬也會知道主管有好好評價，對整個組織也可以更公正評價。**擁有稱讚基準，也是一間公司應有的一個制度**。

你只要根據評價基準，給予對方讚美，如果你是稱讚他們有取得良好成果，團隊也會注意並領會到：「取得好績效，就會說好棒。」於是開始追求符合評價基準的成果。

我想最近有些主管也會在 LINE 上使用讚美貼圖，但是，應該也要考慮到貼圖很有可能會過度誇張，或是太情緒化。無論如何，重新審視自己使用貼圖的方式，並以恰當且有效的稱讚為目標！

POINT

制定一個評價基準，然後讚揚員工，千萬不要憑心情或靠感覺。

9 新員工沒經驗，你的指令要更明確

部屬是否信任主管，也取決於主管是否對自己有信心。

缺乏自信的主管，會在給部屬指示或指導時，從動作或表情中洩露出沒有把握的樣子，「這樣做對嗎？哦不，還是應該讓他們來做這個工作比較好？A也不錯，但還有B這一招」。

當團隊感受到你的猶豫不決，即使他們接受了你的指示，還是會很不放心，心想：「真的沒問題嗎？」然後行動畏縮。尤其是年輕員工，正因為他們經驗不足，所以會希望你能斬釘截鐵說出指令，如此他們就會不顧一切拚命往前衝。

那麼，主管該如何有自信？你需要行動。具體來說，就是徹底執行自己當部屬時所學到的事，比如打招呼、管理進度、報告、聯絡、商量，藉

此累積你的自信。

打動人的關鍵：自信說出每一句話

我在上一份工作擔任主管時，我曾感受到自己有了突破性的發展。當時，我剛剛成為一名經理，我在還是員工時較專注於做出成果，所以對自己的管理能力沒什麼自信，我不知道什麼才是正確答案，「總之就是先努力加油吧！」我只能這樣領導大家。

後來，我有機會去聽了一家外商保險公司的演講。演講會上，主講人自信滿滿的姿態，深深觸動了我的心，讓我大開眼界，演講內容並不完全令人信服，但是他斬釘截鐵、自信的說出每一句話，讓許多聽眾頻頻點頭稱是。

這時我才意識到，有自信並果斷說出口，正是打動別人的訣竅。

聽完演講後，我也開始試著這麼講話，而不再去在意過去的結果。即便我是錯的，但先果斷說出來，底下員工就能毫無迷惘採取行動。

如果你沒辦法做到，那就先去一一克服那些害你沒有自信的事情。

POINT

有自信並果斷下指令，正是打動別人的訣竅。

第四章總結

- ☑ 實績＋自信，提升信用。
- ☑ 給予機會，讓部屬成長。
- ☑ 以公司願景來判斷。
- ☑ 盡快做出決策，避免拖慢員工。
- ☑ 主管主動做出成績，團隊就會跟進。
- ☑ 由自己主動向員工打招呼。
- ☑ 不要推翻已經做好的決定。
- ☑ 制定標準來稱讚。
- ☑ 對自己有自信。
- ☑ 新員工沒經驗，主管下指令要果斷。

第五章

情緒化，
你的領導就弱化

1 部屬出錯，指責要對事不對人

當看到主管情緒過於激動時，員工會想很多事，「是不是我做錯什麼了？」、「要是被罵了該怎麼辦？」變得沒辦法集中精神處理手邊業務，如此會降低組織整體的績效表現。如果事後沒有機會與主管交談，他們可能會一整天都心不在焉。

長時間工作，難免會出現失誤和糾紛，發生爭吵時，主管如果沒有整理好狀況就倉促決斷，錯誤就會一環扣著一環，之後會更頻繁出現紛爭。

遇到緊要關頭，正是考驗主管綜合能力的時候，關鍵是在處理危機時，情緒不動搖、淡然處之。告訴自己：「事已至此，別無他法。先妥善處理吧！」當參與的人越多，越可能出錯，你只能先想辦法彌補錯誤。

找出原因、思考對策，以免再次發生

我也有過類似經驗。我剛創業時，主要提供銷售諮詢服務。有一位部屬被客戶硬拗要擔保一定得達到某數字，我當時認為最好立即給出回應，於是回答：「好！做吧！」這件事情後來引起了糾紛。

該成員認為，等事後再確認案件的細節就好，造成該員工與客戶之間一直在推託誰說了或沒說，最終我們公司被迫補貼不夠的數額給客戶。現在想起來，這都是我給予的指導不夠、顧慮不周所造成的失誤。

但當時我訓斥了該位屬員。由於還在創業初期，我也忙於應付自己的顧客，沒有心力去找出失誤原因，也沒有思考對策。結果，該名員工隔週又在另一位顧客戶那邊犯了相同錯誤。

由於沒有找出第一次失誤的原因，也沒有思考解方，所以重蹈覆轍，給客人造成困擾，最重要的是，從那之後，我再也沒和那位部屬說過一句話。如果是今天的我，應該可以坦率向他道歉，但當時我卻把錯怪在他身上，傷害到他的自尊心。

有了這個經驗，我現在會和團隊一起思考原因，並想對策以防再次發生。不再單方面訓斥，而是以一種更好的方式，記錄、改善，如此便能形成良好循環，在底下員工成為主管後，也可以利用此經驗提高組織能力。

緊要關頭時，才需要對事不對人，毫不動搖、淡然採取對策。這種態度，才不會阻擋部屬繼續接受挑戰。

POINT

當部屬犯錯時，要思考原因，並想出對策。

2 嚴以待成果，寬以待結果

能嚴以律己的主管，會得到部屬信任，然而，如果僅只是對結果嚴苛的話，反而令人窒息。

一件事情的結果，往往還會涉及到時機和其他因素，並非自己能一手掌控。但交出成果，百分之百可以由自己控制。

員工明明已經完成了該做的事情，結果人事評價時，主管卻只看最終結果，給予低評價；相反，有些同事沒有做完他們該做的事，卻碰巧得到好結果而受到讚揚，論誰碰到這種事應該會很不服氣吧？

評價結果很容易，但想要讓員工認為自己各方面能力都不錯，主管應當關注他們提交的成果。

要達到什麼目標，績效考核的標準應該早就決定好，但我建議你可以和團隊一起制定行動目標，這可以幫助雙方共同追求一個成果。具體來說，像是製作多少份企劃書、閱讀多少本專業書籍、打幾通開拓新客戶的電話等。

你們一起設定的行動目標是否會有結果，身為主管的你得加以掌控，如果做這些事只會繞遠路，便是做白工，盡可能訂定可衡量的數字目標，如此一來，你也能清楚判斷部屬能否達成。

POINT

和部屬一起制定該如何行動，並掌握部屬是否能達標。

3 偶爾跟部屬聊聊你的興趣愛好

嚴以律己雖然重要，但人不可能十全十美，太過完美，周圍對你的期望就會過高，只要你稍有小失誤，就會大大降低他人對你的評價。因此，你也需要適度展現出輕鬆的一面，並先決定好工作原則。

我平常都以此為圭臬：「比起語言，先以行動示人。」在說大話或下達指示之前，我會先以身作則。最近遠距工作變多了，很難即時向他們展示，因此，我想了很多辦法，比如讓部屬看影片、客戶提供的聲音文字檔等。

過去，我曾仔細說明、將資料整理成冊給大家閱讀，但我覺得對現在的員工來說，直接站在他們面前示範給他們看更快、更準確，所以我也致力於這樣子做。銷售活動如此，籌資活動如此，募集同伴（招聘活動）亦如此，我試圖在所有活動中起帶頭作用，並做出成果。不是用資訊驅使別人，而是親力親為，提高自己的說服力，這就是我所選擇的做法。

除此之外，我也留了心力給工作以外的事。越是功成名就、步步高升的主管，往往對自己、對他人的要求越高，然而員工也是人，他們並不總是只按邏輯行事。

什麼方法能讓他們願意聽聽看你的話？就是讓他們看到你工作以外的另一面，這會帶給部屬親切感。對我來說，我的另一面就是棒球和育兒。我會在自己的社群媒體上發表跟棒球有關的事，而在私底下閒聊時，我也會率先提起棒球的話題，並盡量讓表情不嚴肅。

我建議大家決定好自己的工作原則，然後積極向部屬展示你親切感的一面，這將會是你管理時的一大利器。

POINT

一個人的魅力，是由反差所創造出來的。

4 不要將心情好壞帶到工作上

如何控制情緒，是主管必備能力，其中尤為重要的是就事論事。情緒很容易受到身體狀況或最近發生的事影響，一天下來一定有起伏較大的時候，所以你得學會控制。

「今天下雨，還要去參加商談會議，真是糟透了。」用情緒表達，難免會說出更多負面言論，如果把沮喪或憤怒等心情帶入會議，你也無法集中精神，且這些表現也不應該給團隊看到。

我過去曾被競爭公司套過話，當時我很難過，儘管如此，我和屬員溝通時，也不會洩露出這個情緒，也不會帶入會議；當業績成長時，我也不會在公司裡過於得意忘形，我總是提醒自己：不要任憑情緒外流。

情緒化，會是你的弱點

活躍於棒球大聯盟的鈴木一朗，就算打出安打或全壘打，也從不會擺出勝利姿勢，因為會被敵人摸清底細；即使不順手也不會表現出來，而是淡定做好例行公事，他透過自己的行為，來掌控對手如何看待自己。

洩漏你的情緒，等於是在告知周圍的人「我沒什麼料」，所以別將自己心情的好壞展露出來。然而，情緒確實難以控制，因此，你得擁有自己一套方法，像是深呼吸，讓腦袋放空、養成運動習慣，避免累積壓力、每天做飯，轉換一下心情，對辦公室一族來說，稍微閉目養神、出去外面散步一下、吃點甜食也是不錯的選擇，試著找出你的解方，我建議至少要擁有兩種方法來調整心態。

POINT

當主管，要能控制情緒、就事論事。

5 部屬遇到問題，適時予以援手

管理職的工作，歸根究柢，其實是在工作的最後階段幫忙擦屁股。

雖然也需要解決屬員的疑問，但主管的要職是填補現狀與公司目標間的差距，因此，你需要採取一切手段先縮小差距，尤其要告訴部屬：「最後我會幫你們擦屁股，你們盡情去做吧！」這麼一來，他們較能無後顧之憂，朝著眼前的業務目標邁進。

分派工作要適才適所

主管必須敏銳關注員工的感受，既要肯定他們的努力，同時也要為他們提供支援，像是，「開發新客戶，就由我和擅長開發新客戶的A來負責，你就好好做大現有客戶的業績！」透過明確分工，並清楚告知：「你覺得難以應付的工作，會由我或其他適合的成員來負責。」這種溝通方式不僅能提高部屬的成果，甚至還能提升整個團隊的績效表現。

幫忙把不擅長的工作拿過來做，才是團隊，在必要時予以援手、找來必要人才，正是主管的工作。當最終結果出來時，即便你也做了很多事，基本上還是要歸功於團隊，並給予他們讚賞，但從根本上說，既然是一個團隊，那是誰的功勞其實也不重要。儘早讓部屬累積成功經驗，他們在之後的工作會更上手，並爭取最佳成果。

POINT

讓部屬做他擅長的事，並在必要時給予幫助。

6 大方向不能說變就變，小地方要靈活調整

主管有時需要靈活思考。為了做出更好的成果，摸索、比較、檢討各種可能後做出最終決定，正是管理職的工作，如果你的思考過於僵化，就無法依情況做出適當應對。

「銷售必須立即拿出成果」、「會計連一塊錢都不能弄錯」，太過固執，你就會成為一個老頑固主管。比方說，如果最後有可能無法達成單月目標的話，不妨把目標設定為「三個月合計總額」，好讓部屬保持幹勁，或者，將方針改為達成行動目標或KPI，避免團隊偏離年度目標。

如果你能確保大方向沒有錯、可以為最終結果負責，過程中便可靈活處理，這反而更能讓你自由思考。

越是瞬息萬變的業界，最高管理層的決策越有可能與前一段時間下達

的指示不一致。

身為主管，在保持大方向的同時，促使成員動作，扮演好中間管理職的角色，將能展現出主管的綜合能力。

POINT

維持整體大方向，促使部屬行動，並承擔最終責任。

第五章總結

- ☑ 緊要關頭時，更需要淡然處之。
- ☑ 理智的處理員工犯的錯。
- ☑ 設定行動目標，讓成員對自己交出的成果負責。
- ☑ 展現平易近人的一面。
- ☑ 擁有兩種以上重新調整情緒的方法。
- ☑ 讓部屬做自己擅長的工作。
- ☑ 確保情況未偏離大方向，保持思考靈活。

第六章

這樣帶人，部屬主動拿出能力

1 人人都想跟隨被老闆重用的主管

好的主管，精通公司內部政治。這裡是指在公司的協商能力，以及與公司同仁保持圓滑的人際關係。

如果你協商能力良好，你就能讓公司同意自己的意見，並按照自己的想法來推進業務。

部屬都會想追隨一個能讓公司重用的主管。在推進案件時如此，主張員工權利時亦如此，大家肯定都想跟一個說話有力的主管一起工作。主管能否向管理階層表達意見，這點對員工來說很重要。

但你不需要像日劇《半澤直樹》那樣，在大會議室裡劈里啪啦表達自己的意見。光是在決策者面前平淡敘事，就能順利推進事情進展，能創造出這個局面的人，才是真正的強者。正因如此，主管需要拉近與上級的距離，和他們建立良好關係。

加強辦公室政治能力

放眼世界，你就會明白，無論你多有實力、主張有多明確，只要沒有交際手腕，就無法推動整個組織。

當你進入社會後，你或許比較看重「評價要公平」、「論資排輩是基本」，**但在一個組織中，人際關係才是最重要的**，然後，確保你能將需要的人、資訊，在團隊需要時提供給他們。

主管若沒有交際手腕，便無法為員工爭取權利，像是彈性工時、增加業績獎金，不管是誰，自然都不會想追隨這種主管。

維持一定的人際關係，同時推動組織，與團隊成員一起做出成果，能做到這一點，才是員工心目中的好主管；對公司而言，也可說是最理想的人才。

POINT

具備高度的人際交往能力，讓自己的意見在公司內部順利採用。

2 人脈是最好的助力

擁有公司以外的人脈，在你開始新事業時，越有可能成為你的助力。世界變化速度非常快，為了跟上潮流，我們需要廣泛了解各種資訊，若你有可深入交談的廣泛交友圈，將會帶給你幫助。

作為一名商人，**如果你不能利用這些人脈來做生意，不論你認識多少人，都不能稱之為人脈**。我身邊也有一些人會主張自己交際廣，但我發現大都是指大學的派系，或僅只是網路上有在交流意見的人群罷了。

聯繫對象很多是一回事，能否將之應用到工作當中又是另外一回事，關鍵在於你向團隊展示這些關係後，可以取得什麼成績。

我們可以透過媒體了解世界動向，但在現場工作的人們所擁有的資訊，才是你該重視的。如果你能獲取優質資訊，並分享給團隊，他們也能活用在工作上、想法中。

POINT

你的人脈要能幫你做生意，並將第一手資訊提供給部屬，讓他們應用在工作中。

3 跟部屬稍微分享私生活

若主管工作有成，私生活也過得很充實，屬員會相當憧憬這位主管，尤其是Z世代，他們很珍惜自己的時間，所以看到工作私生活都過得很豐富的人，就會想：「我也想成為這樣的人！」

Z世代主管需要有策略的塑造出這種形象。

在與屬員建立關係時，你得得到對方的欽佩和尊重，就算你工作表現出色，只要對方覺得「我才不想成為那樣的人」，你們之間的關係就會不太融洽。

在好幾年前，或許有很多人會憧憬這類主管：不分平日週末、賣力工作。但現今越來越多人重視私生活，因此，他們更尊重那些既能做好本職，又有充實生活的主管。而主管在工作方面也要有所改革，像是「早點進公司早點下班」、「週末時，享受與家人在一起的時光」。

跟部屬分享自己有在練跑

我其實是那種不分平日週末、努力工作的人，但我還是會保留時間與孩子交流，而且會積極在社群媒體上發布我和孩子互動的畫面。看到我這個樣子，若部屬也很珍惜小孩和家庭，可能會下定決心：「我也想成為像福山先生一樣的人！」或許你會覺得有點刻意，但你得展示出部屬理想中的主管形象。

原本就讓部屬覺得會以工作為重的人，越要有意識的展示自己的生活。不一定非得與你家人有關，「我有在練跑」、「我有在上健身房」、「我最近迷上了三溫暖」。如果你發布了這類訊息，員工應該會覺得：「那個主管不僅工作努力，私生活也很豐富耶。」

讓他們理解你有充實的私生活，同時也擁有勤奮工作的心態，你就會成為好榜樣。

POINT

越是工作狂，越要展現出生活充實的一面。

4 第一手消息，得靠跟人交流取得

對社會人士而言，蒐集資訊是最基本的工作。

商務人士獲取優良又可靠的資訊、考慮社會形勢和未來發展的同時，應將其應用於事業上。

但是，並不是任何資訊都有用。看了網路上的煽情新聞而大喜大悲；為藝人的醜聞或八卦而議論紛紛，這些資訊沒有意義。穩步獲取與業界相關的報導，同時活用於工作中，才是Z世代主管該有的作為。

對員工而言，可以了解業界發生什麼事的主管才值得信賴，尤其是一些尚未為人所知的幕後消息，例如，「這家公司因為這個目的，而要跟這家公司合併」、「這次的業務合作背後其實有這樣子的情況……」、「這間企業的經營管理階層即將大風吹」等，光是能和擁有這些消息的人交談，就能獲益良多，員工自然也想和這種主管一起工作。

那該如何獲取這類資訊？你得有「第一手資訊途徑」，是指直接從當事人那邊取得情報，而不是透過新聞媒體等媒介。

為此，你需要建立相關人脈，或是積極傾聽業界頂尖人士的談話，也可以先從追蹤社群帳號開始。

從第一手資訊預測未來

具有遠見，意味著「可預測未來會發生什麼事」。比方說，如果你想要了解網路廣告的未來，最好的辦法，就是跟在最大的廣告公司谷歌（Google）工作的人取得聯繫，直接從他們那裡獲取消息。

網路上不存在最先進、最重要的資訊。你只能從相關人士那裡獲取。

正因如此，主管應當努力建立人脈和傾聽專業人士的話。

相當清楚業界動態及特定領域的主管，對部屬而言，非常有魅力。

POINT

最重要的資訊，只能從人身上取得。

5 碰面三次以上，對方很難忘記你

要鞏固人際關係，最有效的辦法就是增加碰面次數。只是在交流會上交換過名片，你很難依此建立起深厚關係，因為會面次數少、交流時間短，所以雙方很快就會忘記彼此。**藉由增加對話次數，可以幫助人際關係的發展，而至少需要見面三次左右**。

試著從見過面的人當中，選定你想要加深關係的人，然後主動聯絡！但是，想要不斷約對方出來，總需要理由，「我剛好在這附近……」、「我想來打聲招呼……」，這類理由不太好，建議說：「我把您之前感興趣的企劃整理好了。」如果你能在過程中多加詢問、重新提案，要見到三次並不難。但是時間間隔太久的話，你也可以定期送禮，像是年終、對方生日，藉此維護關係。

在招募已有工作經驗的員工也是一樣。不要只問一次：「你願意來我們公司嗎？」而是要找對時機，反覆接近他們，例如找他們吃飯，也可以多在社群網站上給予回應。

與部屬往來也是如此，因為很常碰面，更要用心維護，主管可以多多出聲攀談，特別是近年來，由於遠距上班開始普及，因此，需要下更多功夫維繫。

基本上就是增加碰面、交流的次數，即便無法直接面對面，也可以透過聊天工具或社群媒體來維持，又或者去提升自身價值。

當你做出某些成果，或是獲得媒體報導、受到第三方認可時，「和你有關係」這件事就會有價值。

POINT

交流、送禮、提升自己的價值，都是維護交情的方法。

6 在社群平臺展現不工作時的自己

若想跟部屬打成一片，我建議利用社群網站。

想讓部屬主動與你交談，關鍵在於讓對方容易搭話，社群網站是很好的媒介。

比方說，我根據不同目的，分別運用臉書、Instagram 和 YouTube。臉書主要發布商業經營相關資訊；Instagram 則用來晒小孩；我會上傳與招聘徵才、顧客介紹等相關資訊到 YouTube 上。

我由此獲得的回饋，遠遠超出當初的預期。我相信，之所以能有這些回饋，是因為我發布的內容不單單只是業務工作，而是會讓人想要留言的內容。

本身很嚴肅，發文時就活潑點

越是認真嚴肅的人，在經營社群網站就越會一本正經講業務相關的東西，如此一來，難免會給人疏遠的形象，對方也不太想回應。因此，在社群平臺上透露輕鬆的一面吧！像我就會發跟小孩、家人有關的事情，大家看到就會留言，「家人感情真好」、「我家也有一個同齡小孩」。

如果你喜歡運動，你也可以發布相關內容，這樣會比較容易得到有類似興趣的人的回覆，像是「好像很開心呢」、「下次也一起去吧」，這種反差會成為你們打開話題的契機。

不管什麼內容都好，先試著發布工作以外的趣事，只要沒有所謂的業配文風格，大家會很樂意在底下留言互動，人際關係往往也是這樣發展起來的。

與員工的關係也是如此，不要僅展現出身為主管的威嚴，還要特地向他們展示自己的其他部分，以引起他們共鳴。

POINT

在社群網站分享生活，有助於增進與部屬的關係。

7 部屬找你時，禁說「我很忙」

如果人際關係的深度，是由接觸和對話次數來決定的話，那麼如何創造與他人的接觸點，將是重要的關鍵。

現今Z世代主管面臨的問題是，怎樣才能成為一個容易被別人攀談的人？這一點跟構思市場行銷一樣，市場行銷的基礎概念是，透過創造與顧客的接觸點，增加顧客對商品或服務的依戀。

這也與如何與團隊有良好關係有關，難以攀談的人、看起來總是在生氣、散發出可怕氣場的人，別人就不敢靠近你，所以你即使再忙，也要表現出綽綽有餘的樣子，讓員工覺得可以隨時找你商談。

具體該怎麼做？關鍵是有沒有做出符合屬員所期待的反應，例如，立即回應、正向發言等。

無論你有多忙，當部屬來找你談話時，你都要傾聽並回應，內容也要盡可能正向，不要表現出忙碌、難以攀談的氛圍，適當分配業務出去，讓自己有餘裕，部屬也方便隨時找你商量。

真正工作出色的主管，不會表現得很忙。即使再忙，也總是有種從容不迫的感覺。時常調整、改善業務分配，你得做到這樣，才可稱為是一流主管。首先，先從禁用「我很忙」這句話開始吧！

POINT

你得假裝不忙，營造出部屬容易攀談的氛圍。

第六章總結

- ☑ 擅長公司內部人際交際。
- ☑ 建立公司以外的人脈。
- ☑ 展現你私底下充實的一面。
- ☑ 藉由與人交流，以獲取第一手資訊。
- ☑ 碰三次面，加深人際關係。
- ☑ 活用社群網站，讓部屬和你有話聊。
- ☑ 再忙，也要表現的從容不迫。

第七章

他其實看著你的背影成長

1 邊學邊做，帶人也是

如果不能活用資訊，蒐集資訊這件事就沒有意義。所謂的活用，是指對外輸出，只有將你所獲取的訊息應用到工作上，這些消息才有價值。

有在蒐集資訊的人，其中有不少人會把蒐集本身當成目的，導致看完之後卻沒辦法實際應用，例如，把讀完〇〇、讀完〇本等當作目的，卻沒有試圖實踐書中知識，這樣一來，無論讀多少書，也學不到任何東西。

正因為有想要達成的目標，所以才需要將知識內化，內化的過程中也需對外應用，這也是將內容變成自己的一部分的唯一方法。簡而言之，就是要咀嚼。

只有活用知識，你才能說你已經內化成自己的東西。

一邊學習，一邊輸出

如果你試圖全部學完才實踐，你反而會停滯不前，即使你輸出了你自認為對的答案，但對對方來說，或許只是某個方法也說不定。

例如，一流的職業棒球選手，就算講授「瞄準球的下半部，然後製造逆旋效果」，應該也沒有人可以百分之百聽懂吧？換句話說，無論學習了多少一流大師實踐得出的答案，對聽者來說，只是其中一個方法罷了。在研究商管經營也是這樣，不可以只滿足於學習，也不能想說在學完所有知識後再去嘗試，**一邊實踐，一邊學習，才是最好的方法**。

本書也是，光靠閱讀（輸入）不夠，只有各位真的在實際指導員工時付諸行動（輸出），才算是真正掌握本書方法。

越是習慣蒐集資訊的人，越應該採取行動，這件事情本身也會是一種學習，還能幫助你加速成長。

POINT

只吸收知識不夠，你得一邊學，一邊應用在工作上。

2 跟高階管理層持續互動

身為主管，想要下對指令，就要與自己的上級同步：彼此分享做事方針、觀察同樣事物、採取所須行動。

只有你想成為一個能讓管理階層安心將工作全權委任的人，才會希望儘早提高實力，最快方法是與管理階層對話，加深理解上層的想法。

首先從積極關注、聆聽老闆和管理階層所發布的資訊開始，追蹤他們的社群帳號自然不用說，查看他們過去的貼文和發言，也很有效。透過這個方法加深對管理階層的理解，並將其轉化為自己在工作中所要說的話，自然就能與老闆和管理階層保持同一步調，你給予部屬的指導，也不會產生偏差。

配合老闆的觀點

所謂的同步，意味著將觀點拉近到跟對方一樣。

主管和老闆、屬員的觀點會有差異，因為他們看到的範圍不一樣。部屬看到的是眼前的工作；主管看到的是一堆工作和底下員工的動向；老闆看到的則是公司整體，他們每天看著不同地方，因此回過神來，往往會發現他們之間產生了巨大鴻溝。

主管必須與老闆、管理層保持觀點一致，並隨時掌握公司動向。有意識交談、深入理解對方、將觀點慢慢拉近到相同角度，就能縮小差異。若有機會與老闆、管理階層交流時要主動，努力和他們保有相同見解。

POINT

將觀點和姿態調整成跟公司的發展方向一致。

3 目標怎麼訂？讓部屬自己說

很多Z世代會把主管當作教練，認為主管可以幫忙激發出自己的潛能。國外在培訓主管的課程中，確實也有在教授教練方式的技巧。

對Z世代主管而言，教練方式不可或缺，如果缺少此技能，就沒辦法讓部屬自發性成長、採取適當行動。

當著重**培育員工時**，不僅**要有提供知識的顧問方式**，**還要有激發主動性的教練方式**，這樣**屬員才會自己行動並成長**，這點跟銷售一樣，「這個商品很好，請買吧！」你就算這樣說，對方也不願意購買，但當你詢問：「您有什麼顧慮嗎？」、「您是卡在預算嗎？」、「像這樣子編訂預算，您覺得如何？」讓對方回答這些問題，更容易成交。

如果你沒有先讓對方說出自己的顧慮就強迫推銷，解約風險就會變高，「都是因為他強硬推銷……」，與部屬的關係也是如此，你得讓他們用自己的話說出來、自己做決定，這會是他們活用所獲得的資訊，並採取行動的關鍵。

讓部屬用自己的話說出來

假設主管說：「公司提出這個目標，我們部門要做到這麼多，所以我們得提高這麼多數字才行。」主管是因為公司方針，才說出這番話，因此，主管會有種強烈被逼的無奈感，部屬也會產生責怪他人的心態：「目標訂太高了吧？」、「憑什麼只有我們部門得提高這麼多才行？」

「公司的目標是這樣，現狀則是這樣，你們覺得需要採取什麼樣的行動？」像這樣以教練的方式指導他們之後，會變得如何？「為了實現公司的願景，我們必須達成今年的目標」、「其他部門在這種情況下會很難達成，所以我們得更加努力才行」，讓他們用自己的話來講述目標，會讓部屬主動採取行動。最後，如果屬員願意這麼說：「對我的期望特別高是吧？我明白了，我會盡力而為！」就再好不過了。

讓部屬用自己的話說出來，就像是魔法咒語一樣，我自己也有實際活用這一點，不要原封不動的提供你獲得的資訊，而是**透過問答的方式讓對方說出答案，激發對方主動行動**。

POINT

透過問答的方式讓對方說出答案，激發對方主動行動。

4 應酬不用全部到，先評估效益

參加商務交流會、聚會，卻無法談成生意，就白去了，而在這些場合上所獲取的資訊，也要能活用在工作中，才有價值。

當你的部屬報告：「我去參加了聚會」、「我參加了交流會」時，記得要深入詢問：「你覺得有什麼搞頭嗎？」、「有拿到商談機會了嗎？」如果只是為了蒐集名片，你應當調整一下參與目的。

雖然參加聚會，有可能促成下一次的交易機會，但你可能無法當場問出什麼重要資訊，最好事先確認聚會主旨，想好對策後再讓員工參加。

根據事業發展的不同階段，我認為將目標設定成「蒐集一百張名片」也不是不行，但是，我還是建議要把參加聚會的目的，限縮在建立接觸點上，尤其是可以帶來訂單的應酬更好。

該參加怎樣的聚會？

你不需要在交流會上就馬上談妥生意。畢竟大家才初次見面，還不確定需要解決什麼問題，而且大多數情況下，雙方甚至做不了筆記。最好先盡量蒐集資訊，然後盡可能約談下一次會面：「日後還請給我們一些時間商談。」

那麼，該參加怎麼樣的聚會才好？從結論來說，**如果這場聚會有機會談成交易，你就該多多參加**；而沒有負責人參與的聚會，建議可以不用去。或許有人會覺得「很少決策者會參加啦」、「交流會都沒什麼用」，但並非如此，舉辦交流會，是有機會結識上市公司的經營者，因為他們來參加的目的，是為了尋找下一個商機，而在這些場合上相遇，大都會給他們帶來績效。

機會只來自於人，如果不多多與人接觸，就沒辦法擴大機會，所以你需要創造從聚會上拿到商談機會，並連結到你的生意。

POINT

這場聚會有沒有參與價值，從能不能談成交易來判斷。

5 從電影和影集中學管理技巧

學會如何與部屬打交道、加強管理能力，需要每天持續學習，我特別推薦從其他領域吸收。

活用類推思維，可以從其他領域學到很多東西。所謂的類推，是指根據類似的事物來對其他事物進行推理、思考，找出相似處。

我想你應該總是忍不住去關心「身為主管的管理手法」、「部屬的培育方法」等主題。但是，如果背景或行業不同的話，大多時候很難投射。而從其他領域得來的資訊，與我們正在做的事情本身就不同，因此大腦會自己去找出共同點。

例如我有三個小孩。在我面對「怎樣才能讓他們把飯吃光光？」、「如何讓他們幫忙把鞋子排整齊？」等問題時，我常會發現：「僅只是上面的人強勢說話，底下的人是不會改變的。」這個道理在管理員工上或許也通。

「這麼做一定行」這類商業理論，大都非常依賴實際情況，幾乎沒辦法照套。主管需要根據部屬的情況改變做法，多給他們機會。比方說，如果你在一支少年棒球隊擔任教練，在教選手的同時，利用問答方式（第二一七頁），你應該會收穫良多，而你將棒球隊所得到的經驗，運用在與團隊的溝通當中，也會提升你的管理能力。

從電影、電視劇來學習

還有更簡單的方法——觀看電影和電視劇。

拿我來說，我最近看了電視劇《監查役野崎修平》，這部電視劇拍得很真實，讓我得以獲得這些知識：「公司準備上市時，監察人很重要」、「原來董事舞弊是這樣發生的啊」等。電影和電視劇的好處在於，可以提高從日常生活中汲取知識的敏銳度，一旦敏銳度有所提升，最終就能做到「生活＝學習」，你會加速成長。

即便才剛擔任主管一年的人，也可以利用週末或空閒時間，透過電影、電視劇，提升情緒和心態，學到管理經驗。運用類推思維，從其他領域來獲得知識吧！

POINT

觀看電影和電視劇，也能學到管理知識。

第七章總結

- ☑ 學習知識的同時，也要輸出。
- ☑ 跟管理階層保持相同觀點。
- ☑ 活用教練方式來激發部屬主動行動。
- ☑ 參與聚會要能帶來商機。
- ☑ 從電影、電視劇等其他領域來學習管理方法。

後記
好主管就是樂見部屬強過你

我在高中棒球隊時，當時的主教練對我說了這番話：「一個好捕手，要能要求投手投正中直球。要求投一個球路很難打的球，誰都做得到。但在緊要關頭、投手緊張時，一個好捕手要能說出：『投直球也沒關係，盡情揮動手臂吧』。」

自那之後過了二十年，我終於理解這番話的含義。越是高難度的工作，主管越要精簡指令，在緊要關頭時只說一句建言，讓部屬不用顧慮結果，可以盡情去做，這一點很重要。

在思數網路工作的期間，我曾在一位年紀比我小的主管下面工作，他是當時我所屬的子公司的老闆，因為我是公司唯一的銷售人員，所以我包辦了所有工作：開發新客戶、接單、交貨，甚至到契約書的簽訂與管理。

有一次，公司連續四週都沒有銷售進展，原因出在工作超出我能負荷的量，讓我完全沒有辦法開發新客戶，此外，我還得提供支援給既有客戶，因而無法做出公司想要的成果。

那位年紀比我小的主管不忍心看到我這樣，於是對我說：「福山，雖然我做不了銷售的工作，但我可以幫你。不管什麼事，都可以告訴我沒關係！」、「福山拿到的客戶，我們一定會想辦法處理，所以你不要有所顧慮，盡情去爭取訂單吧！契約書也不用做，交給我們吧！」、「你可以在自己拿手的領域不斷進取，別擔心。」他不斷激勵我前進。

當時，那間子公司正面臨存亡危機，由於才剛剛轉換事業，如果失敗的話，公司將不復存在。但即便在這種情況下，他仍然鼓勵我積極向前，讓我專注於自己拿手的領域，並把我不擅長的部分拿過去做，明明他本身也不太會管理文件。

在這個時期，我的才能得到充分發揮，每個月約見一百個潛在客戶、屢創接單紀錄新高、就任董事……與他的相遇，毫無疑問，扭轉了我的人生。而這位主管現在正擔任思數網路的專務執行董事。

除了我之外，我想他一定還讓許多部屬拿出成果，並成功出人頭地，他無疑是我心中最理想的主管之一。

讓部屬出人頭地，是主管的職責。在我的經驗裡，我有大半的時間擔任經營者或主管等要職，這樣子的我，在二十多歲時，為了不被跟我差不多歲數的部屬比下去，一直好拚命，卻也剝奪了那位員工成長的機會。

到了三十多歲，我反省了當時的心態，並持續精進，好讓員工可以超越身為主管的我，盡可能讓更多人才拿出成果。

本書所舉的Z世代特徵只是趨勢，並不適用每個人，也不代表他們都有相同的價值觀。總而言之，先試著去理解眼前的團隊。

看完本書，如果有讓你想要主動打造屬於自己的主管形象的話，我會很高興。最後，我要向出版社致謝，感謝出版社這次委託了這麼棒的企劃給我。

國家圖書館出版品預行編目（CIP）資料

讓部屬拿出能力的方法：明明有 100 分實力，卻只交出 60 分的成績，看淡獎金、不想升遷，這樣的部屬怎麼催出實力？／福山敦士著；Yoshi 譯.
-- 初版. -- 臺北市：大是文化有限公司，2023.11
240 面；14.8×21 公分. --（Biz；441）
譯自：イマドキ部下を伸ばす7つの技術
ISBN 978-626-7328-94-1（平裝）

1. CST：職場成功法

494.35 112013991

Biz 441

讓部屬拿出能力的方法

明明有 100 分實力，卻只交出 60 分的成績，
看淡獎金、不想升遷，這樣的部屬怎麼催出實力？

作　　者／福山敦士
譯　　者／Yoshi
責任編輯／林盈廷
校對編輯／黃凱琪
美術編輯／林彥君
副總編輯／顏惠君
總 編 輯／吳依瑋
發 行 人／徐仲秋
會計助理／李秀娟
會　　計／許鳳雪
版權主任／劉宗德
版權經理／郝麗珍
行銷企劃／徐千晴
業務專員／馬絮盈、留婉茹、邱宜婷
業務經理／林裕安
總 經 理／陳絜吾

出 版 者／大是文化有限公司
臺北市 100 衡陽路 7 號 8 樓
編輯部電話：（02）23757911
購書相關資訊請洽：（02）23757911 分機 122
24小時讀者服務傳真：（02）23756999
讀者服務 E-mail：dscsms28@gmail.com
郵政劃撥帳號：19983366　戶名：大是文化有限公司

法律顧問／永然聯合法律事務所
香港發行／豐達出版發行有限公司 Rich Publishing & Distribution Ltd
地址：香港柴灣永泰道 70 號柴灣工業城第 2 期 1805 室
Unit 1805, Ph. 2, Chai Wan Ind City, 70 Wing Tai Rd, Chai Wan, Hong Kong
電話：21726513　傳真：21724355
E-mail：cary@subseasy.com.hk

封面設計／水青子
內頁排版／顏麟驊
印　　刷／鴻霖印刷傳媒股份有限公司

出版日期／2023 年 11 月初版
定　　價／新臺幣 390 元（缺頁或裝訂錯誤的書，請寄回更換）
I S B N／978-626-7328-94-1
電子書ISBN／9786267328903（PDF）
9786267328910（EPUB）